改变，从心开始

立 品 图 书 · 自觉 · 觉他
www.tobebooks.net
出 品

究竟为何在人世

人智学生命历程研究

[美] 西格妮·埃克隆德·舍弗尔 著
孙爱萍 杨雪静 译

Why On Earth?

Biography and the Practice of Human Becoming

时代出版传媒股份有限公司
安徽文艺出版社

图书在版编目（CIP）数据

究竟为何在人世 /(美)西格妮・埃克隆德・舍弗尔(Schaefer, S.E.)著；孙爱萍，杨雪静译．—合肥：安徽文艺出版社，2016.7

书名原文：Why on Earth？ Biography and the Practice of Human Becoming

ISBN 978-7-5396-5651-9

Ⅰ．①究… Ⅱ．①西… ②孙… ③杨… Ⅲ．①人生哲学—研究 Ⅳ．① B821

中国版本图书馆 CIP 数据核字（2015）第 306639 号

引进图书合同登记号：12161618
Why on Earth? Biography and the Practice of Human Becoming
by Signe Eklund Schaefer

Published by Steiner Books, Inc.
610 Main Street,Great Barrington,MA 01230,USA

出 版 人：朱寒冬　　责任编辑：宋潇婧　王婧婧
特约编辑：汗八里　　装帧设计：肖晋兴

出版发行：时代出版传媒股份有限公司　www.press-mart.com
安徽文艺出版社　www.awpub.com
地　　址：合肥市翡翠路 1118 号　邮编：230071
营 销 部：（0551）63533889
印　　刷：三河市华晨印务有限公司　（0316）3655880

开本：787 × 1092　1/16　印张：15.5　字数：200 千字
版次：2016 年 7 月第 1 版　2016 年 7 月第 1 次印刷
定价：58.00 元

前言　对生命的反思

多年来，我一直积极参与的工作可以被概括地称为“传记工作”（Biography Work），指凭过往的经验来理解人类发展。这并非抽象或学术的研究，而是深入阅读我们生命故事的练习，同时也是倾听他人生命历程的机会。通过传记练习、艺术实践、自然观察、内在沉思和小组对话，对鲜活的命运问题进行探索。在这些具体练习的背后隐藏着更大的主题：在当今时代身为女人或男人，这意味着什么？不同的生命阶段，如何塑成了我的人生经历？是什么导致了各种各样为人处事的方式？在我的生命故事中，哪些东西是我独特具有的，哪些又是人类普遍存在的？根据我个人的体验，这种传记工作使人对生活、对成长的过程，越来越充满兴趣和热情。

在写这本书、与这些宏大的问题深深共处时，我经常被问道：“你的书是关于什么的？”我回答说：“生命！”这个答案总是会引起困惑的表情，或者嘲讽的窃笑。这本书涉及的范围很广，每一章都可以独立扩展为一本书。然而，我的目的是为读者提供更为广阔的视野，简要地谈及在这些年里挑战和触动我的，关于人类不同方面的问题。相信读者会自己去深入钻研他们感兴趣的特定主题。

我希望这本书就像是读者的谈话伙伴。书中的想法和观点源自于多年来与朋友、同事、学生和老师的对话，很多内容都在相互探索中产生。我希望这种交流能够继续。我的愿望是，我所写的能够激发你自己进一步的追问和对生活的反思。

我的很多想法也是受到鲁道夫·斯坦纳作品的启发。事实上，之前提到的很多对话都是在努力理解他关于人类本质和发展的观点。他在20世纪初提出的概念和图景很复杂，也发人深省。他所提供的人智学道路，对我而言是一趟持续探索的旅程。在这本书中，我努力分享一些斯坦纳的观点，让其能够随着章节的发展逐渐建构并深入，坚信他的洞见能给我们的生命问题及迫切的社会问题带来启迪，而这些都是我们现在在21世纪需要去面对的。

西格妮·埃克隆德·舍弗尔

2013年3月

目　录

第 1 章

生命的意义

我这一生都在思索人的发展问题。记得 6 岁时，我就好奇地想知道“我们为什么活着？”当时我就感觉我们肯定会活不止一世，不然生命没有任何意义。我们现今的经历一定是更宏大发展图景中的一部分，而不仅仅是一世的生命能让其得以发生的。我不记得自己当时是怎么琢磨起这个问题来的，也不记得有没有讲过给父母听。但可以肯定的是，如果我真说了，他们会告诉我“别犯傻了”。虽然我的家庭温暖有爱，但家里的谈话是以理性和逻辑为基础的。我的父亲是科学家，母亲声称自己是不可知论者，所以宗教信仰并不是我童年的一部分。

也许受到家庭中占主导的科学探究氛围的影响，我大概也是在 6 岁左右时做了一个实验。我觉得在可见可触摸的世界之外，还有“另一个”世界。而在某种程度上，我能用感官去经验那个世界的方式只有一种，那就是梦。所以为了能在“另一个”世界“醒过来”，我决定紧闭双眼，使劲掐自己的手臂。我非常认真地这样做了。当我睁开眼睛时，惊奇地发现，我仍然待在自己熟悉的卧室里。不过，我得出的结论是，并不是自己错了。相反，记得当时想得很清楚，“我一定只是梦见自己掐了自己，所以这无法把我带去另一个世界。哪天我必须再想个办法。”现在回想自己的童年时光，我已不记得那些年还有没有再想这类问题。

但我一直相信发展的可能性，以及人有成长、改变的可能性。到 10 岁时，我已经努力读完了图书馆儿童部的所有传记类的书籍。我很困惑人们为什么做了他们所做的事情。我又想，如果我处在他们那种情况下，我会这样做，而他们为什么会那样做？后来，我如饥似渴地看完了儿童发展的理论，甚至是关于成人生命阶段的思想。我读了很多书，观察周围的人，也观察自己；后来我开始教授关于人类发展和个人传记的课程和工作坊。这本书来自于我一生的研究和对每个个体人生旅程的崇敬。

随着岁月的流逝，当我回顾自己教过的课程，还有学生们提供的丰富见解时，我会想，应该把这些宝贵的想法详细地写下来。我觉得要写的这本书已经在所有的笔记中孕育并浮现出来。但我却好像无从下笔，总是借口没有时间。但我内心深处却知道，这并不是真正妨碍我动笔的原因。我对人类的潜力感到乐观，也相信，如果人们越来越意识到这世上存在普遍真理，对他们自身一定会有所帮助。但我也看到，即使在我身边很有意识的人当中，仍然存在痛苦。我该怎样写这本书才可以不过分简化生活的复杂性，又不会让人觉得是故作积极？

后来，在我 60 岁出头的时候，生活似乎突然崩溃。我感到生命的很多层面正在土崩瓦解，突然间不再是地平线上玫瑰色的感觉，而是迷失、悲伤、背叛和孤独。难道我所有关于人类发展的美好想法，仅仅只是美好想法，而空乏可持续的、支持性的现实？难道这些美好想法就不重要？难道人类真的仅仅只是 DNA 的受害者，或教育、社会环境的受害者？我很沮丧，但……我无法忽视内心一个小小而持久的声音，它在呼唤着我去直面这些新的挑战，去深处于这种新的悲伤，并穿越它去更深入地探索我长久珍视的思想。当意识到我随时都有可能陷入简单的自我合理化，或沉溺于自怨自艾之中，渐渐地，我开始重新审视。现在，我可以穿越悲伤，而朝向生命的整体性。当“人类发展是一段漫长之旅”的想法再一次占据了我的心，那么，即使是这些痛苦的曲折，也开始提供新的有意义的可能性。

我所有探索的潜在的理念是——当时那个小女孩知道是真的——我们不止活一世生命，而是一次又一次来到地球，正是在这里我们可以练习和学习，通过许多世的生命，成长得更加完整。我的信仰是，作为人类我们正在发展意味着什么，我们需要向宇宙贡献什么。我谨慎地使用了“信仰”这个词，它指的不是一些教条或信条，也不是一些我遵守的制度化观念。我也可以将之称为“信念”，是因为“轮回”（reincarnation）这个概念深植我心。但这不是我能证明的，我也不觉得证明它是我应该做的。我并未期待所有读者都与我的想法一致。我只是希望大家可以保持对各种可能性的开放，并愿意和我一起来看尘世生命“拼图”的不同碎片。

在我努力探究人类的奥秘时，我最伟大的老师之一是鲁道夫·斯坦纳，他是 20 世纪初奥地利的精神科学家，人智学与华德福教育的创始人。他的作品深深地启发着我，在接下来的章节我将分享他的一些洞见。他谈到人类的“自我”处于许多世生命的旅途之中，也详细阐述了“自我”在死亡与重生之间经历的意义。他给出了这样一幅画面：在离开尘世的状态中，我们回顾刚刚度过的那一生，也为下一世生命构建意图。回首这一世生命中的“片面性”（one-sidedness）引发了在下一世去平衡这些经历的愿望。可能会有，也一定会有，让人后悔生命现在就结束了的事情；事实上，悔恨可以唤起在来世中转化的可能性。我们不要用世俗间奖励和惩罚的方式去想象它，而要去思考，经由挑战、机遇、天赋和缺陷给自己带来了什么。

在 20 世纪，事实上已经延续到 21 世纪，许多关于人类发展的对话已经陷入了“先天”（nature）和“后天”（nurture）之间的辩论。难道通过基因构成，我们就能完全被了解？难道我们的一切和将成为的一切都被编码在DNA之中？或者难道我们只是社会影响和经验的产物：家庭模式、教育、阶级、民族、宗教——所有的这些都在我们踏入生命之门时，将其铭印在生命的这张白纸上？这是二元对立的现代意识所带来的问题，我们被困在一个非此即彼的观点里，而无法认识到DNA和社会塑形都具有其合理性——任何一个因素都不是我们不断演进的生命故事的全貌。是谁能仅以DNA生活在物质身体里？又是谁正在经历环境和行为的这一特定组合的影响？我们是否可以认识到，“自我”（Self）以某种神秘的方式，把遗传组合和我称之为“灵魂塑形”的东西召集到一起，并且它（“自我”）需要在这条道路上向前迈进？

物质身体是如何为我们的尘世经历提供了神奇的容器，有其现实法则，它能作出令人惊叹的详尽解释。心魂及其是如何被环境因素所形塑，也存在现实法则。生物学和心理学正在进行着的研究，更多地揭示出我们身体的构成和灵魂的组成。但在物质身体中，和通过心魂体验而生活着的是永恒的自我，真正的“自我”。我也可以称之为高层自我；为了迈向全人的演进之旅，它需要——事实上已经在——组织这个身体和心魂的构成中发挥着作用。在一生中，我逐渐与自己已经设定好、并付诸行动的发展意图相遇。我不仅仅只是自己身体、或家庭、或经历的受害者。我也许还不能理解为什么与生命中所做的事情相遇，但问题是，我能否接纳人生挑战，它们属于我，是为我进一步发展而来的、有意图的和有意义的机遇。

我意识到，有人读到前面的文字，可能会把它当作一种宿命论，认为一切都预先决定了。我并不那样认为。相反，我觉得在生命中，我需要遇到某些特定的人生课题、挣扎，甚至某些人。他们在我的意识中呈现自己，这并非简单的偶然，而是带来深层的共鸣。在我浅层意识之下，有着一些回响、呼唤或是一种识别。你是否曾经遇到过某些人，就立刻感觉到，“噢，又见面了！”或许甚至是“噢，不，我不想再看到你！”而没有任何意识地升起这样一种感觉？我们遇到的人和重复出现的人生课题，可以给我带来快乐或悲伤，但在深层的方面，它们就是我要遇到的。然而，我如何应对呈现在我面前的人和事，就不是既定了的；这就是我尘世的功课，是我去学习和完善自我的机会，是我给自己走向自由的邀请。

练习：意图

试着想象自己在来到地球之前：你收拾了什么放到书包里，才能使自己成为到目前为止你了解的自己？这与你理想中的自己无关，而是要成为你现在的样子，真正需要些什么——内在和外在的？也许你需要有幽默感，或有虐待你的父母，有缺陷的眼睛，或一个特别的朋友。也许一个帆船或巧克力对你来说至关重要。写下十个或十二个这些有意图的必需品。你也会意识到似乎忘了打包的几件东西，就像外出旅行忘了带牙刷。也许你没有带音乐，或与自然的关系，或耐心。你能想象一下这样的情景吗？当你把手伸进书包里，意识到这个特别的东西忘记带了。在你反思打包了些什么的时候，也可以去思考，在生命中，你书包里不同的东西是怎样互相影响的。与一个朋友或一个小组来分享这个练习是很有趣的，但你自己做也同样有用。可以做得好玩一些，我们都在经历如何有备而来。

然而，我要承认对“意图”这个想法还是有些担忧。它没有，也无法解释为何暴行和掠夺仍存在于我们的世界。我并不想淡化许多人承受着战争、贫困、迫害所带来的令人难以想象的痛苦，以及各种形式的被虐待和被忽视。虽然我可能没有智慧去理解这些痛苦的生活境况，但也不想忽视这样的经历有其存在的意义。那种意义也许不会被一般的思维所理解，但我相信，在死亡和新生之间的更完整的实相里，这意义将提供果实，也为未来创造疗愈的机会。

这种我们带着发展的意图来到地球的图景，不应该被简化为诸如评判、惩罚或奖励的简单概念。世俗的逻辑并不能完全涵盖人类发展，甚至个体生命旅程的奥秘。命运（destiny）和业力（karma）往往用来掩盖自我合理化、自我放纵、内疚、欲望或滥用。但是，我们误解或甚至误用这两个概念，并不能成为将其抛弃的充足理由。我们该以怎样的方式承载这些问题才能让新的见解进来，尽管探询的领域自身会不断扩大？至少“**命运**”这个词表明我们也许事先约定了一个要朝向的目的地[①]，但这并不是预设了的决定。我们在人生的道路上与真正“自我”的意图相遇——以这样的方式构建自己的**业力**；并且，不断展开着的责任和负担成为我们灵性核心的一部分。

多年来，我一直与人们就“意图”问题工作，深深地被他们感动着——他们知道了身体残疾、遭受酗酒父母的伤害或在他们十几岁时所承受的创伤，原本就属于他们的一部分。他们认识到，自己重要的命运意图就是与这些困苦相遇，且珍视透过这样的经历成为了自己现在的样子。曾经的吸毒者后来成为了内心强大和富有同情心的药物滥用顾问，他不会从自己的传记中抹掉上瘾的那些年的经历。一个未成年妈妈后来开设了教高中生如何做父母的课程，她不会从她的生命故事中抹去曾经犯过的“错”。这些人不认为自己是环境的受害者，而是作为个体带着升

---

① 译注：在英文中，命运（destiny）和目的地（destination）有相同的词根。

起的责任与生命相遇，并认识到自己是如何通过挑战得到成长。对大多数人来说，“蜕变”（metamorphosis）会更微妙，在职业生涯中更不明显；但人们仍可以感觉到，如果没有过去的经历，今天的他们将根本无法存在。

当然，有很多人不想成为或不珍视他们认为自己成为的样子。他们看不到生命经历中的意义。然后太容易陷入把自己的一切不幸归咎于童年的剥夺、学校教育的弊端、粗暴的父母、配偶对自己的不幸福的忽视、或者缺乏控制。是的，这些经验在我们不断演变的习惯和自我感觉中发挥着重要作用；但我们只是这些事件的受害者吗？是否可能是在我游走于各世生命之间的智慧里，我有勇气知道是我需要一位爱挑剔的、冷酷的母亲来唤起我深深的同情与更强的自我意识？是否可能在我的挣扎中找到属于我的功课，这是我来尘世要做的一部分？我知道这听起来很简单，而且你肯定打算有漠不关心的父母，与我们知道的孩子需要的一切背道而驰。然而，找到你珍视的自己身上一直在发展的某种品质，然后在你的生命历程里跟随它。可能一路走来你将经历一些也许在那时你没有察觉到它是积极的事情，但是它为你能够成为的人搭建了舞台。

举个例子，我有一个年纪稍大的学生，他觉得在他来到地球的时候把一些东西放进了背包，这也是他通过它们在生命中的呈现经历的内在成长：“一种脆弱的孤独唤醒我感知别人需求的能力；幽默感点亮了我的心魂，并给他人带来温暖；疏远的父母让我感激连接；自我意识给了我生存的本能。”

这样的想法永远不能成为我们在当下缺乏责任感的借口，但它们可以让我们洞察自己的过去。当然，这并不意味着灌输前世的罪恶感。我们太容易跳到惩罚或奖励的想法，或用来解释意外的或无法理解的事件。转化的可能性在各世生命之间的地方设定，它并不保证特定的结果。我们不断变化着的命运要复杂得多。如果我们想把生命带向自由，就需要召唤内在更大的觉醒。生命中的因素无法用线性来解释——没有公式化的 A+B=C，对我们发展的邀请往往是多面向的。

通过彼此发现自己

前面的想法可能会被误解为，在经历死亡和重生之间，我们是未来尘世之旅的唯一计划者，在某种程度上，我们为自己绘制了最好的下一次旅程。斯坦纳给出的图景是在我们更高层“自我”，智慧的灵性存在，和我们生命故事中的“其他人”之间的一种相互作用。随后，在我们生活在地球上的日子里，我们在与生命中其他人邀约的相遇中发现自己的方方面面。我们的“自我”不是被紧紧地握在里面，也不会盘旋在头顶、试图直接指引我们自己设定的方向。相反，它活在我们相遇的人与环境中；它等待着被接纳，被我们拾起，被允许新的发展。

我们都经历自己身上不同的方面是如何通过生命中不同的关系才有成长的空间。我们与妈妈在一起时，和与老师、恋人、孩子或最好的朋友在一起时并非同一人。因为，这些关于“我是谁”的不同经历，让我们有机会去探索自己身上新的一面。生活如何改变它，可以是与某些人的相遇，他们看到了我们身上的一些东西，对此也许我们自己还只是有模糊的感觉或希望。突然，我们可以更深地呼吸；我们感到自己被看到，可以打开新的自己。这是我们关系里的奇迹的一面，通过感觉被看到，我们能够成长。当然，在这里面也有阴暗的一面。我们的关系里当然也充满了不被看到、不被重视或不被允许绽放的感觉。

当我还是一个年轻的母亲，我在思考着我是怎样感受到意向性和通过别人找到自己的这些想法，生命中一个神奇的时刻为这类的沉思提供了一个启发性的图景。一个下午，我在厨房里意识到孩子们在玩过家家。有些朋友来找我们的女儿和儿子玩，他们大概都是 3 到 6 岁大，所有人都参与了对接下来的游戏的安排。分配角色的任务是至关重要的："你是妈妈，我是爸爸，你是大姐姐，你可以是小弟弟……"谈判正在认真地进行，而且很明显，要到所有的角色被接受，比赛才能开始。看着他们的热诚，我突然想到，就是这样的！在各世生命之间的灵性世界里，我们与未来的人们交互着，开始构建将引领我们下一段尘世生命的意图，我们相互约定，这些约定将塑造我们的未来，"你是妈妈，我是爸爸，你可以是……"

当然，一旦我们到了地球就已经忘记了各种计划，以及我们签订的各种复杂的合约。在我们跨越尘世的门槛之时，不管是豪饮还是啜饮一小口神奇的忘情水，我们灵性意图的智慧都轻易地离我们远去。事实上，我们多么经常地在问："究竟是为什么我在这个家里？究竟是为什么会发生这样的事？它究竟为什么这么难？"我们问这些问题，但常常忘了 why on earth（在英语中有"为什么在地球上"和"究竟为什么"两种含义）；很容易忽视，这个问题本身就暗示一个更具包容性的现实，一些更大的智慧点明了此问题。

意义的问题

虽然现今有些人把所有关于意义的问题归为一种无足轻重的天真，我仍然深信对意义的向往是人类基本的天赋。我们想要知道，想要理解，想要让现实变得有意义。有一个古老的希伯来传说，说明了人类这个重要的可能性。创世纪后在天使中，有些人批评上帝按照他自己的形象造人，他们想知道上帝为什么这么做。回答是，"上帝把世界上所有的动物集合到他和天使前面，要天使给不同的种类取名；但他们并不胜任这项任务。然而亚当毫不犹豫地说：‘世界之主啊！这种动物的名字是牛，这是一匹马，他是一头狮子，这是一头骆驼。’于是他依次叫出了所有动物的名字，适合每种动物特质的名字”。然后上帝问他叫什么名字，他说叫亚当，因为他是从Adamah，地球的尘土中创造出来的。上帝再一次问亚当他自己的名字，他说：‘阿多乃（Adonai），主啊，因为你是主宰万物的主’——正是上帝给他自己的名字，这个名字是天使叫他的……”①

这个故事表明，人类具有一种特殊的认识，一种几乎有着预言性质的理解力。不同于自然界的其他领域，在某种未知方面甚至不同于天使，人类被赋予了命名的能力，给周围或其内在的世界以概念的形式来认识和理解被创造的世界。我们从作为年幼的孩子开始已经在做着这些。

根据我的经验，这种去认识的努力经常通过问题来表现。答案、意义并不会立刻显现，但是这种探索是至关重要的。问题需要被带到意识里。我们人类渴望知道的不仅仅是寻找明确的答案，而探寻本身——一种持续不断的探索“我是谁”，“我在这个地球上做什么？”我们可以从过去的智慧学到很多。但是当我们停止探寻，当我们在一种开放、鲜活的方式里停止思考，我们就只是简单地堆积呆板的事实、破旧理论和陈腔滥调的思想。

我希望这本书是分享一些陪伴我一生的问题。这是表达到目前为止我的理解，认识和命名我努力想掌握的人类本性。我并不期望读者同意

---

① 金兹伯（Ginzberg），《犹太人的传奇》（*Legends of the Jews*）；也参见斯坦纳，《生命的意义》（*The Meaning of Life*），演讲1。

我所说的一切，但我真的希望我的话语会激起你们进一步的探索。我也尝试加了一些练习，这将有助于反思生命的经历、问题和目标。

现代生活有时看上去是干涸的；我们会感到孤立，也无法触碰到他人。至少在发达国家，历史上先前那种使人团结而又分离的认识自己的方式，已越来越少。血缘关系、社会阶级、职业角色、宗教、种族、甚至性别，都只是越来越少地保持我们身份认同感的一些特性了。我不是认为它们对于“我是谁”是不重要的方面，但其重要性的环境已经发生了转变。

作为个体的自我意识越来越强烈。越来越多的人感受到他们核心存在，与他们生活在一个女人或男人的身体，或者（与）他们出生在美国、法国或日本存在的差异。这种增强的自我意识会带来孤独和一种解放的兴奋。当我们开始知道自己是一个“自我”，从我们的性别、民族、种族或家庭给我们的发展带来的贡献去思考变得越来越有意思。这些因素是重要的，但它们不是完全地定义了我们。事实上，我们确实看到人们强烈执着于自我定义的传统分类，我们也经常发现恐惧、操纵和冲突。

20 世纪的艺术家经常放弃自己绘画的框架。这种走出传统背景的经验，扔掉框架，对我而言是现代条件下的一种清晰的图景。这是一个大胆的个性姿态，去认识自己、让自己被认识的全新的挑战。我们已经走出千百年来界定我们的熟悉的框架。所以我们问：我是谁？我要做什么？为什么我是女人？我的人际关系重要吗？我的生活是否有意义？

随着 21 世纪互联网的显著增长，我们经常被邀请——或者我们可以说被引诱着——走到屏幕后面，在新的和统计上可观察到的群组中重新审视自己。在网络的世界里通过在社交网站上的购买行为、“朋友”和“喜欢的”，通过“登录”的请求，我们变得“被认识”。虚拟的世界在我们的日常生活中呈现出越来越大的现实。一个人身份再造可以是欢乐、希望，或逃避、操纵。关系、真理和责任成为需要以较新的方式去探索的观念，它们挑战我们要更独立地保持清醒。

自古以来，智慧的追随者们都被告诫要“认识自我”。这对现在的我们意味着什么？自然科学为我们提供了关于我们的物质身体和身体的祖先的奇妙信息，心理学可以帮助我们把心魂经历的很多深入和重要的方面带入意识，社会科学提供了关于我们文化行为和经济互动关系的理论线索；但在21世纪作为一个人类存在意味着什么，所有的这些都没有给我们一个鲜活的、整合性的、发展的图景。对我来说，这个问题要求我们也要关注人的灵性，我称之为永恒的或更高的“自我”。在我们身上，这种人类的灵性正在一个成为“自我”的漫长旅程中。她也有祖先，但她不是我们能够从过去的族谱中能找到的。

我一直喜欢“人类存在”（human being），因为我看到它的动作：它是过程，而不是成品。在许多年前，我的一个学生与我在一起，在挫败的时刻他脱口而出：“你不能对我更有耐心一些吗？我只是一个正在成为人的人。”我一直非常感激他的语言和概念带给我的这份礼物。我也感觉到，我自己作为一个正在成为人的人，在这段旅途中，我们一起分享它的起起伏伏，这使我继续心怀敬畏地让这个问题充盈着我。在接下来的章节中，我将探讨其中的一些问题和我们的“自我”如何在地球上变得更符合人类特质的一些方法。

第 2 章

关于性别的问题：男人和女人

“这是一个女孩！”“这是一个男孩！”——虽然现在超声波扫描检查可以让准父母提前知道孩子的性别，这些仍然是宣布新生儿降临地球的第一句话。性别是我们尘世经历中最重要的一个方面，也是我们自我认同和与他人关系的一个基本组成部分。性别影响着我们如何学习，为我们的职业生涯增添色彩，激发我们的魅力，也是我们爱谁和如何去爱的一部分。透过性别，我们会遇到偏见与青睐、接纳与阻止。即使我们能抛开所有社会制约，性别仍然为我们提供了非常特殊的机遇、挑战和局限性。

然而，尽管性别在生活中起着举足轻重的作用，我们是否也有过超越性别的体验：栖息于男性或女性的身体，却仍然知道我们不仅仅受制于这种最基本的单一性？也许之前我们并没有过多思考这件事，直到有那么一刻来临，当别人谈及对我们性别的偏见时，我们的自我意识突然被震醒。这可能是当我们被告知男孩不要哭（但我正在哭），或者女孩不能做某些任务（我知道我能做）的时候。也许我们可以感受到一种摩擦，被期待的角色远离我们真正的目标。也许仅仅基于性别，我们就被排除或被包含在某种社交场合。最重要的是，随着 20 世纪下半叶妇女运动的兴起，以及自那时起并持续进行的所有法律的修订和颁布，我们或许可以清晰地感觉到因为性别而对基本人权的妥协。

当我还是一个年轻的母亲的时候，在早期妇女运动中，有很多讨论是关于用不分性别的方式来抚养孩子。但是很快，我看到：我的女儿被布娃娃所吸引，她轻轻地摇晃它们，温声细语地哄着它们；而我的儿子最早发出的一些声音是对每天清晨经过窗前的施工车辆的回应，垃圾清运车的到来对他来说是一件多么奇妙的事情！我们家的情况是，两个孩子都是由妈妈和爸爸共同照顾着，两个孩子都给了娃娃和卡车，对两个孩子我们都搂抱和追逐他们。然而，没法不注意到他们之间存在着某些内在的差异。我和先生意识到，即使我们不想过于培养孩子的先天倾向，因为那样可能会限制他们未来的兴趣，但不去留意差异，无疑也是歪曲观察到的事实。

如何理解似乎与生俱来的性别差异的悖论和超越二元对立的内在自我感觉呢？当然，现代女权主义诞生于这一悖论，因为越来越多的女性知道自己有能力参与那些还不轻易向她们开放的活动。反复经历着既显而易见、又更加微妙的歧视，女性的自我意识正在不断涌现，又时常受到打压。这种自我意识赋予她们勇气去跨越教育、职业和经济上，甚至——或许尤其是——自己关系中的重重障碍。这项功课永无止尽，她们的抵抗既明目张胆又无声无息，并将持续下去。然而，在女性和男性中也发生了巨大的转变，这种转变既为了女人，也为了男人。

当回想自己逐渐发展的性别意识时，我记得在第一个孩子出生后，我经历着作为一个人和一个女人之间的巨大差异。那是 1960 年代末期，在我 20 岁出头的时候。突然间，世界仿佛只把我看作一位母亲，我也很开心、积极地当好妈妈的角色；但令我始料不及的是，这成为了我的唯一身份。那个学生，那个老师，那个对社会正义充满了激情的年轻人到哪去了？还有谁看到她了？虽然我没有特别感受到这种限制是来自我的先生，但当别人常常称呼我为“克里斯·舍费尔的太太”时，我依然感到很震惊。我觉得作为克里斯的妻子是我们俩之间的事，这还真与别人无关。但在女权主义运动之前，人家甚至希望我加入麻省理工教授妻子的组织，它被称为“技术主妇”（Technology Matrons），这名称太恐怖了。当时我 24 岁，长发及腰，裙及大腿，无论是“技术”还是“主妇”，感觉都与我毫不相干，而且我的自我意识也不依赖于我先生的职业。

第二个孩子出生后，我们家搬去了英格兰。我在那学习华德福教育，作为个人和一个时代的社会议题，我开始积极地追问有关性别的问题。我对鲁道夫·斯坦纳人智学（精神科学）的兴趣，与我对新兴妇女运动的关注一直齐头并进、共同发展着。虽然我看到妇女们正在发动着政治和经济的斗争无疑是必要的，但它不是我的首要兴趣所在。即使在当时，我也在探寻全人的可能性。我不能只关注女性被忽视的权利或男性的明显过错。在众多生活领域中，男性特质占主导地位，事实上，在我们的思考中也是如此。而我想知道，用女性特质平衡男性特质将意味着什么——不仅在女性身上，而且也在所有人和我们的文化里。我觉得人智学和妇女运动可以彼此向对方说些什么，我想要参与这种对话。

我和朋友在当地大学张贴了告示，寻找其他有共同愿望的人。当有 17 位女士出现在首次聚会时，我们受宠若惊，欢欣鼓舞。到 20 世纪 70 年代时，我们的小组探索着旨在提升觉知的独特活动。从这种原动力开始，在接下来的几年里，在英格兰、荷兰、德国、美国和加拿大形成了更多的小组。经过一段时间后，我们把这项工作称为“阿里阿德涅”（Ariadne），以希腊神话中的少女命名，我将在本章后面讲述她的故事。

我们也开始做通讯，举办工作坊，还写了一本书。①

在最初的那些小组中，我们很快就注意到，讨论问题和经验的用词需要加以明确。当主题是性别时，有几个词语极性在意义上是重叠的，我想要区分使用它们的方式，努力避免混淆。在谈到物质身体时，我们说女性（female）和男性（male）。稍后我会再来谈变性人的问题，但现在我说的是基本两极。我们知道自己是女孩或男孩，女人或男人，因为我们入世在女性或男性的身体里。当我们谈到女性特质 / 阴性（feminine）和男性特质 / 阳性（masculine）时，我们指的是女人和男人身上都会展现出的心魂品质。它们的表达不受缚于物质身体。事实上，当我们能够体现出女性（阴柔）与男性（阳刚）特质的平衡时，当我们都能够识别在不同情况下需要什么并将之唤起时，我们便是更加完整的人。

我想要找一种整体性、关系性和连接性的感觉来描述女性特质。这种特质圆满、开放和时间、节奏有着鲜活的关联，它拥抱、滋养、哺育。到这里，我们就碰到了一个棘手的价值观问题。我们都太容易因为某事具有女性特质或男性特质，就认为它是好的或是坏的。事实上，它们本身的品质是很中性的，是我们如何展现它们而带来了判断。例如，我们可以说滋养的行为养育了生命，但它如果太多也可以扼杀生命。接纳——另一种我们认为女性具有的品质——可以是可怜的被动，也可以是主动的接纳。扩散的意识常常被列为女性的特质，这是一种同时注意到各种维度或需求的能力。一方面这有助于想象和直觉，当然还可以进行多任务处理；但在极端的形式中，它显现为散乱或思想不集中。

男性特质呈现在个体独立性中。它支持个性，但也可以走向孤立和

① 马修斯（Matthews），舍弗尔（Schaefer），史丹利（Staley），《阿里阿德涅的觉醒》（*Ariadne's Awakening*）。

疏远。洞察力、线性思维、智性、逻辑和聚焦，这些都是男性特质的明显表达。辨别力也是一个必要的男性特质能力，但它也可能会造成排斥和伤害。男性特质可以统筹管理和引领方向——通过深思熟虑的承担责任，或采用暴力——行使对物质世界的主宰权。男性特质光芒外射，而女性特质则向内聚拢。

关于目前我所称呼的男性或女性特质，我们当然还能识别出更多这样的品质。我们之所以谈论这些特质，在于承认片面性的不同与必要的领域，这些不同的品质在我们的个体生活、关系和社会中发挥作用。越能意识到它们如何起作用，我们就越能在重要冲突或简单判断中不被它们盲目冲击或控制。越能看到它们如何在我们内在工作，我们就越能让它们平衡地相互交织在我们的生活中。

在本章的后面，我会谈及这样一种挑战：如何去平衡作为人类意识演变力量的女性特质和男性特质。但首先我想分享另一个对我的问题有极大帮助的图景。

四元人类存在

鲁道夫・斯坦纳从许多不同的角度谈到人类存在。在前文中，我提到过他关于人类三元存在的一幅画面：身体、心魂和灵性。他提供的另一幅关于当今人类存在的画面有四个“体”。当然，这些“体”不都是可见的或物质的，我们可以把它们想成是行动的不同保护鞘。

只有物质身体可以经由我们的普通感官而被感受到，它为我们在地球上的生命提供了结构、骨骼和可见的形态。斯坦纳将与生命相关的方面称为“以太体”，或形塑体，或最简单地称之为生命体。它活跃和维系我们的物质身体。如果你想象沉睡的身体和一具尸体，你会了解到以太体的活动：沉睡的身体即便是静止的，也仍有生命这种以太体充盈在这个形态里；但尸体，只有一具物质身体，它曾有过生命，然而现在只剩下物质材料和矿物残余了，就像所有的物质一样，它最终将分解殆尽。在物质身体里，我们分享矿物世界的品质；而在以太体中，我们分享植物世界所展现出的生长和繁殖的生命可能性。

除了物质 / 以太有机体，鲁道夫・斯坦纳还谈到星芒体或心魂体，在这点上我们与动物王国共享，而且我们能体验到它。这里我们进入了融合感（sympathy）与离斥感（antipathy）[①]、感觉、印象和反应的领域。通过星芒体，我们经验本能、欲望、痛苦和愉悦、快乐和悲伤，甚至思想。我们可以以石头或植物所不能的方式被感动。这个感觉体被我们与世界的关系所影响，也为我们提供关于这种关系的信息。

但，是我们的“自我”（I），它接收信息、识别感受与思想。是我们的“自我”，它知道。这是我们身上作为人类最本质的一部分。“自我”承载着我们的独特性。是我们的“自我”，它经验自我意识，能想象自由，并让我们学习。当我们犯错误，“自我”可以知道；它可以为我们的行动、错误，以及自我转化承担责任。是我们的“自我”，它去爱。正是通过“自我”，我们的高层自我一次又一次来到地球，让我们走在成为全人的漫长旅程中。

当我们把关于人类的四元图景带入谈话时，性别问题变得更加复杂、丰富且更有趣。我把这些想法带进来，不是像自然科学家一样用证据和统计数字来支持。我提供的是一种广阔的视野，我发现它在自己的生活

---

① 译注：融合感（sympathy）与离斥感（antipathy）是人智学中非常重要的一组概念。融合感指的是“一种心理形态吸引着别的心理形态，试着与它们融合在一起，呈现出与它们的亲和力”；反之，离斥感的力量，是心理形态排斥、排除而坚持自己的特质。”（斯坦纳，《神智学》，廖玉仪译，第 94 页）

和与他人一起的工作中都很有帮助。关于性别的讨论可以充满了防御和攻击，偏见和沙文主义[①]。我一直在寻找一幅人类图景，能让呼吸和活动进入自己和对方的觉知。

如果一个人能持有尘世生命不断重复的想法，那么就不难想象，那个"自我"，或高层自我，作为我们的一部分，它一再入世，并因此超越性别本身。鲁道夫·斯坦纳给出了这样一幅画面：这永恒、没有分别心的"自我"，经历一世女人的生命，下一世作为男人的生命，以如此的模式循环往复着，因为在朝向全人的路上，每个性别的经验提供不同和必要的学习。事实上，他指出，作为女人的生命经历在死后唤起心魂的渴望，想知道作为男人的生命会是什么样的；反之亦然。[②] 在特定的历史时期，由一种性别所提供的机会、礼物和挑战是如此不同，以至于促使他 / 她形成了想要在下一世去平衡这种片面性的意图。

练习：性别

试试找你生命中的一次经历，或你拥有的一种品质。这个经历或品质与你作为一个女孩或男孩、一个女人或男人直接相关，如果你是另一种性别，就不会拥有这样的经历或品质。这给你的人生带来了什么样的学习？给你的生命历程带来了什么？在我们这个时代，这样的性别经历或品质给你（作为一个人）的自我意识又带来了什么？

---

① 译注：沙文主义（Chauvinism），原指极端的、不合理的、过分的爱国主义（因此也是一种极端民族主义）。如今的含义也囊括其他领域，主要指盲目热爱自己所处的团体，并经常对其他团体怀有恶意与仇恨，是一种有偏见的情绪。

② 斯坦纳，《业力的显现》（*Manifestations of Karma*）。

在早期与女性团体的工作中，对我个人而言变得清晰的指导性问题是："为什么我的'自我'现在是个女人？"我问这个问题并不是因为任何意义上的苦恼或不幸；相反，我心怀感激，倍感兴奋，因为它能让我在经历中带入更深的觉知。这个问题假设有一个永恒的、没有分别心的"自我"，而且我作为一个女人来到尘世的意图是为了进一步学习和发展。此外，这个问题也指向了我对所处时代的感觉：在历史上性别的问题变得如此重要这个时期，思考为什么我的"自我"现在想做一个女人，这似乎对我很重要。我觉得有东西要从女性身体的宝库中学习，例如，关于节奏，关于分娩、支持和承受。我与身边社会问题的紧迫性有着强烈共鸣——这是我此生的主题。

一般而言，我们在生生世世的历程中交替着性别。如果确实是这样，那么性别沙文主义或责难将变得极其无关紧要。如果作为一个男人，我诋毁女性，那么，我就是在揭示着自己过去生命经历中尚未转化的东西。如果作为一个女人，我责怪男性对女性的偏见，责怪社会条件贬低所有具有女性特质的东西，那么就需要把前世的自己也包括进去，也许前世作为一个男人，我也是创造了当前情境的一分子。更进一步说，如果作为一个女人，在我努力为女性提高机会的过程中，对男人漠不关心甚至不尊重，或者作为一个男人，对这个世界需要更加平衡无动于衷，我就正在为自己创造着下一世将要遭受的痛苦。至少，作为女人和男人交替入世的想法可以帮助我们更负责任地去对话，去探寻什么才能服务于真正的人类发展，去理解在个体女人和男人，在整个社会中，对于女性特质和男性特质自由表达的需求。

于是，我们来到地球进入女性或男性的身体，进入作为女孩或男孩的体验。我们的物质身体形塑着我们将会经历什么，我们将学习什么，我们将与什么相遇。在鲁道夫·斯坦纳给出很多具有启发性的想法中，关于性别主题有一幅“理想”人类身体的画面（说的是物质身体，物质的形态），因为在地球上男人与女人的分化，这个理想画面从未实现。他认为，男性的身体比理想的状态更深地进入物质，而女性的身体并没有完全达到理想的物质性。男性身体密度更高，更深地物质化。

女性身体则更温软、更柔韧；证明她们有让另一个生命在内在成长的能力。当然像这样的陈述只能是普遍意义上的；每个个体都有他或她自己独特的形态，往往证明了总体情况之外总有例外。

斯坦纳继续说，这种变得密度更大或更柔软的倾向，作用在我们身体形态的各个方面，包括大脑。他把男人僵硬、“冻结到一定的程度”① 的大脑与其具有智性、精确思考的能力联系起来，但男人很难跟上精微的或多维度的想法，并且还有抵制新事物的趋势。“任何人都知道男性的大脑经常是难以驾驭的工具。基于其硬度，当有人想用它来进行更灵活的思考时，它产生了可怕的阻力。它拒绝跟随，需要通过各种手段训练才能使其失去硬度。”②

根据斯坦纳所说的，女性的大脑更加灵活，更容易接受新的观念和现实的多维度。他演讲时环顾四周，指出女性比男性更愿意参与讨论心魂或灵性。他指出，抹大拉的马利亚是第一个体验到基督复活的人，这让一些男性门徒很震惊。“女人，因为她大脑的不同构成形式和她不同的使用方式，使她能够用这伟大的工具抓住灵性的想法。相比之下，男人，因为他外在的物质身体特质，使他更适合物质主义的思考。”③

我必须承认，当我第一次读到前面的引文时，与我的许多女性朋友

---

① 斯坦纳，《业力的显现》，205 页。

② 同上。

③ 斯坦纳，《圣马可福音》（*The Gospel of St Mark*），197 页。

一样，我有一种强烈的感觉“是的！”但我强迫自己不带偏见，秉着这种想法可能是真实的，更重要的是，对讨论性别有用的方式，真正地去观察。当看着我的男性朋友时，我经常见到（有时感到很痛苦）他们很需要将对话保持在一个清晰达成一致的水平上，但我也一次又一次地体验了他们思维的敏锐和清晰。如果我们想象地来看，他们看上去几乎能够游走在思想的回廊里，他们能建立起思考或阐明想法的框架（我并不是指仅是“空中楼阁”！）。我们也可以真实地感受到，女人可以更容易体验到多种维度——我们可以既笑又哭，喜欢跟随各种联想，可以在非常严肃的同时仍然看到某些事情中的幽默，更不用说能边通电话边搅汤，还能边留意着孩子们的动态。但这个万花筒般视野的缺点是，往往很难抓住许多闪过或流经的想法——记忆中有了一个好主意在那里，但它到底是什么呢？

很多时候我认识到“心理和情感在女人身上占主导，智性和物质主义在男人身上占主导”[①]的倾向。但我也很清楚，正如严格的线性思维狭隘地固着于某一“点”，不平衡的直觉跳跃和情感联系也抑制了有效的沟通。我再三强调，这些特质描述指出的是自然倾向，而并没有把男人和女人个体所做的自我发展练习考虑在内。当然，也正是这种自我发展在经验着性别招致的片面性。

自妇女运动的早期以来，关于女性和男性的差异已经做了无休止的研究。有发现似乎对上述想法具有明显的启发性。例如，整体说来，男性的身体比女性有更厚的皮肤；男人有更大的肌肉张力，通常身体也更强壮。女性的身体往往更柔和圆润，为接纳与转化而造。“女性也比男性能更好地听到：她们的听觉辨别和定位，在所有年龄段都更胜一筹。男性，另一方面，视觉更好。这些在感官能力方面的性别典型优势，不是通过

① 斯坦纳，《业力的显现》，第203页。

特定形式的经验而习得的，这种优势在婴儿期就很明显。即使在几周时，男婴对视觉图案更感兴趣，而女婴更注意音调序列”[①]。研究显示，女孩上学之后言语上更流利，而男孩则通常在空间计算上更擅长。

在这一点上，思考一下听觉器官和视觉器官是很有趣的。耳朵是一种容器，它接收声音，把它收进去。与此相反的是，眼睛向外放射出去。卡尔·科尼克（Karl König）博士，康复村（康复村是为照顾各种残疾人而建立的）运动的创立者，在《胚胎学与世界演进》（*Embryology and World Evolution*，早已绝版，但在《阿里阿德涅的觉醒》中有详细讨论）中作了进一步比较：“从比较解剖学的角度来看，它是这样，耳朵和卵巢，眼睛和睾丸有着深深的相互关联……”[②] 科尼克还阐述道，卵巢是一种相对稳定的器官。睾丸，是一个极其重要的器官。睾丸产生的一切都是新的，有人可能会说，数以百万计的精子细胞，在睾丸内不断地创造与新生，它是源源不绝的生命力之源泉。另一方面，当女孩出生后，卵巢已包含全部数量的胚芽（翻译自德语单词 keim，意指能够发芽的种子），只有其中一部分将会在她的一生中逐步成熟。

我们可否在“耳朵如何接收声音”和“卵子如何受精”之间看到一种图景式的连接？此外，就如“眼睛如何向外看入世界”，是否也可以为“疾速前进的精子寻求进入正在等待着的卵子”提供一幅形象的画面？

从鲁道夫·斯坦纳的时代开始，尤其是在过去的二十年中，对大脑的研究变得越来越复杂，揭示了男性和女性的大脑之间存在许多不同之处。例如，男性大脑比一般的女性大脑重百分之十一至十二；但在某些区域，如与感情和表达相关的深层边缘系统，在女性大脑中占比例相应较

---

① 亨特（Hunt），《男性与女性》（*Males and Females*）（Penguin，1973）；马修斯，舍弗尔，史丹利，《阿里阿德涅的觉醒》，第 151–152 页。

② 马修斯，舍弗尔，史丹利，《阿里阿德涅的觉醒》，第 152 页。

大。与数学能力相关的区域，在男性大脑中显得更大些。男人往往更擅长用左半球处理事情，这个区域是属于逻辑、理性思维的；而女人均衡地使用左右半球，且有一个更大的胼胝体，它对左右半球之间的数据传输率发挥着重要作用。男人在语言方面主要使用左半球，而女人还是两边都使用。我们可以去问，类似这样的研究能否为黛博拉·坦纳（Deborah Tannen）在畅销书《你就是不明白》（*You Just Don't Understand*）中谈及的沟通模式提供背景，这会很有意思。她指出了以下现象：女性倾向于用语言来共享亲密，提供支持，建立共识和社区；而男性更有可能是为了解决问题，提出建议，或建立起自己的身份而说话。如果女人和男人能认识到我们不同的身体导致了真正的差异，也许可以缓解众所周知的男女之间沟通不畅的难题。

当然，对差异的研究还会使我们很不舒服，我们可能担心它被误用而导致进一步压迫。机会平等是至关重要的，并且值得在每一个可以想象的情形中去坚持它；但如果忽视了差异，对平等的坚持也无法真正做到。任何超过身体上大小的平均差异的，都控制着基本的人类经验，很明显，在性别上大脑的大小不是决定智力的一个重要因素；然而，就像身体的其他部分一样，男性或女性的大脑会为我们在地球上的学习提供不同的倾向。当然，我们还必须考虑在每个女人和男人身上，女性和男性特质之间的相互作用，并且考虑到在性别认同中的社会化作用。我们总是再次回到没有分别心的那个“自我”，作为人类，通过身体提供给我们的一切，“自我”进驻身体，学习、平衡和深化。

男性或女性的物质身体在我们尘世生活中发挥着作用，这种影响可以由变性人的经历来说明。不管是因为不明确的身体构造，还是“存在于错误的身体中”的内在感觉，越来越多的人（或者至少越来越多的人说出来）似乎觉得他们不适合被单纯地归类为男性或女性。这种特殊的，往往也是非常痛苦的命运开始被讨论、研究，那些不容易识别自己属于任何一种性别的社会行动主义的人也开始表达自己的经历。他们自己的故事，他们为求得认同和权利的斗争，也有像杰弗瑞·尤金尼德斯（Jeffrey Eugenides）的敏感小说《中性人》（*Middlesex*）之类的畅销书，都在提供着关于“自我感觉不被物质身体的性别所束缚，但也渴望一种或另外一种，或两种都想要的性别经历”的现实证明。通过阅读，也通过与做过变性手术的人的有限接触，我意识到很多人自童年起就无法认同自己身体性别的深刻感受。通过经历漫长、痛苦的转变过程，至少从性别的视角来看，他们仿佛正在一世中经历着两世的生命。对于出生、进入的物质身体，他们的“自我”显然经历了一些不舒服、也许没有预料到的东西；经受过医疗的程序，他们可能会在某种程度上补救这种情况。那些选择不去做手术的人，通过他们变性人的身份认同，也可以找到一种新的自我接纳和与自我的关系。

如前所述，斯坦纳将以太体或生命体的图景加入到对物质身体的思考中。只要我们还活着，物质身体和以太体是不可分离的。但是现在斯坦纳对性别问题的讨论带来另一个不寻常的想法：他认为女人有着男性的以太体，男人有着女性的以太体。在物质 / 以太有机体的一体性中，我们找到持久的人类整体性，某一方面更为外显，另一方面则作为内在潜质更为无形。正如斯坦纳所说，“相反性别的一些东西隐藏在每个人身上……这是需要注意到的正常经验。在男人身上男性那一极更外显地工作，女性特质在他身上更内在；而女人则相反。”[①] 同样，这不是一个我可

① 斯坦纳，《精神科学启迪下的男人与女人》（*Man and Woman in the Light of Spiritual Science*）。

以从逻辑上证明的想法，但也许我们能发现一些现象，它们暗示着这样一幅图景的真相。

正如上面已经指出的，通常男性的物质身体比女性更强壮；然而，女性的疼痛忍耐力，例如在分娩中，是众所周知的。这是她以太体力量的象征吗？此外，女性的寿命比男性长，这是男性的生命力在起作用？女性的物质身体比男性更柔韧和善于接受（甚至可以说更脆弱）。我们一贯很片面的男性文化通常不会把脆弱性看作一种有价值的品质，它经常被贬低为女性化。然而，很多女人已经开始珍视她们自己的这个方面，认识到脆弱性让生命得以前进；如果没有开放、对已经存在事物的让步，新的事物就不会被接纳。男性艺术家对他的缪斯的开放，或男性科学家对一个新发现的开放，是否可以是一种接受灵感、带来事物新生的内在脆弱性的画面？是否可以是一种女性以太力活动的形象？

当然，我问这些问题时，也充分意识到了有女艺术家和女科学家，谢天谢地，她们终于开始得到应有的重视。我在这里寻找的是能展示出女性／男性人类实相的整体性的画面。由于女权主义者的关注，个人表达变得比以往更有可能，我不是想忽略这精彩的广度，也不想限制任何个人进入任何特定的角色。对我来说似乎很清楚的是，真的不可能把任何特定的存在方式作为女性或男性独有的，物质／以太有机体的画面实际上有助于说明这是为什么。例如，如果我们说一个男人或女人是勇敢的，我们指的是他或她的物质身体还是以太体呢？斯坦纳指出，一个19世纪的科学家把谦卑视为女人的基本品质，而另一个则看到了愤怒，第三个看到了保守主义，第四个看到了革命的本性，这是前后矛盾的。然后他给出了这样的画面：“……男人通过他身体本性的外在勇气成为一名战士，女人却拥有内在的勇气——牺牲和奉献的勇气……在只考虑人类存在的单一面时，他就完全臣服于偶然性了。”[①]

每个个体中的物质 / 以太体关系的更深层方面，可能为理解同性恋现象提供了某些见解。是否是出于个体命运的原因，相比于物质身体，男同性恋者或女同性恋者感受到同性给他 / 她的吸引更深植于对方的以太体中？在这种情况下，男人通过他的女性以太力被另一个男人所吸引，而女人因其男性生命体的影响被另一个女人所吸引，这样就可以说得通了[②]。这种特定的物质 / 以太体关系之所以成为一个人业力的一部分，只能在个体案例中去思考；一个人天生是同性恋，这是他 / 她入世的事实，并非单纯的选择问题，这个想法可以由上述的现象来解释。我必须重申的是，只要我们还活着，物质体和以太体永远是分不开的。当然，对它们是如何交织在一起的，我并不是完全了解。然而，承认它们之间的相互关联，我们就可以深化关于人类整体性下个体差异的对话。

练习：性别榜样

回忆你童年中的至少一位女性和一位男性，他们对你理解女人或男人意味着什么又有很深的影响。他们的外表看上去是什么样的？他们的行为是怎样的？他们是如何看待与自己的关系，以及与同性或异性他人的关系的？在你的脑海中回忆他们，或者你甚至可以用简单的草图来帮助记起更多的细节。那时他们的行为对你有什么影响（可能也包括你的抗拒）？如何影响你的性别存在方式以及与他人的关系？

---

① 斯坦纳，《精神科学启迪下的男人与女人》。

② 这个想法是在 20 世纪 70 年代末期与伯纳德 · 立夫（Dr. Bernard Lievegoed）的谈话中首次提出。

尽管我们的物质 / 以太有机体给我们尘世经验带来了所有的机遇与限制，但那个“自我”仍然拥有让男性特质和女性特质交织在一起的力量。谁会说，女人不能使用鉴别力，或抚育不能由男人来完成？我们经常会给男性或女性特质贴上标签，但每个女人和男人都会找到他 / 她自己对两者交织、动态平衡的方式。一种情境要求我必须清晰、准确，有逻辑；而另一种情境需要我连接、倾听和去感受他人现实状况的能力。如果作为女人我只有女性特质，或作为男人我只有男性特质，那么我就是一个片面的人，只能有限地去理解他人。我越是能够认识到女性——男性两极性的广度，并看到它是如何存在于这个世界和自己身上，我的那个“自我”就越能找到在任何场合都最适合我需求的表达方式。我们可以说是星芒体或心魂体感受到这些不同力量的涌动、拉扯与可能性。带着觉知，“自我”就更能决定它们在我的日常生活中如何相互作用。

在我们这个时代，很多人都感受到，在内在发展或心灵净化的路上，需要这种有意识的关注，这很重要。把秩序带入心魂生活，在这里指带入女性和男性力量的交织，也是任何真正内在努力的一部分。努力带来平衡，这并不意味着平庸地处于两者之间，而是在成为更完整人类的过程中一种持续、动态的调和。当然，这并不是发生在孤立的状况下。女人和男人个体所作出的努力，需要在长期存在的社会挑战背景下进行，这种片面的、男性占主导的挑战，不仅存在于社会结构中，也存在于我们的思维方式里。

意识演进中的女性和男性力量

你有没有停下来想过，究竟为什么我们要经历女性和男性的分化？除了它能使人类繁衍的第一反应外，它是人类经验中最大的奥秘之一。

如同在许多其他领域一样，在这里鲁道夫·斯坦纳也提出了一些具有启发性的观点。他提到在性别分化之前有一个时期，那时的地球和人类身体更柔软，更具有可塑性，与我们今天的物质身体截然不同。他描述了这些早期的“人类”是雌雄同体和自我繁殖的。经过很长的一段时间，地球和这些早期的人类逐渐凝聚和物质化，直到最后他们变得太致密，以至于不能再继续自我繁殖；渐渐地，女性和男性的身体应运而生。人类精神在发展成为人类的旅程中，以多重演化形式逐渐进驻。这个旅程非常的漫长，至今仍在进行着。①

斯坦纳把性别分化的图景进一步复杂化，把它与一种新的物质器官——大脑的逐渐出现联系起来，大脑可以服务于人类思考的发展，最终让个体、自我意识与精神建立起关系：“这样人可以部分地使用之前他用来繁衍的能量，以完善自己的本性。人类用来为自己形塑可思考的大脑的力量，与在远古时期他用来自我繁衍的力量是一样的。思想的代价是我们变成了单一性别。不再自我繁衍，而是异性受精，人类能把一部分生产的能量内在转化，从而成为思考的生物。因此，男性和女性的身体分别呈现了心魂外在化身的不完美，但由此成为了内在更完美的生物。”②

诚然，这是一个异乎寻常的画面，一个肯定不会轻易就被相信的画面。但我们是否可以把它看成一个早期的创世神话，并想象它向我们诉说着什么呢？然后我们可能会发现奇怪的线索，让它变得可信。例如数百万年之后，我们仍然有美妙的英文词语“conceive”。通过男人和女人在一起，我们孕育新生命；通过感知和思考，我们构思新思想。我们所说

---

① 斯坦纳在多处提到这个基本主题，尤其是在《宇宙的记忆》（*Cosmic Memory*）第 5–7 章中。《阿里阿德涅的觉醒》中也提到过这个主题。

② 斯坦纳，《宇宙的记忆》，第 90 页。

的“conception of life”，指的既是性行为给地球带来了新生儿，也是指我们对生命本身持有的看法。所有细心的家长和中学老师都可以在青春期早期发展中发现这样的线索：正如青春期时年轻人的身体宣告性成熟，同时也带来了新的思维能力和深化的自我意识的曙光。

有意思的是，我们还可以在《旧约》两个创世故事的不同意象中找到进一步的线索。在《创世记》1.27，上帝按照自己的形象创造了原始人类的男性和女性；后来从尘土中创造亚当，从亚当的一根肋骨创造了夏娃（《创世纪》2：7，2：21–22）。顺便说一下，为什么不是从手指骨或膝盖？肋骨保护的是什么？意象表明的是，直到他们吃了能分辨善恶树上的果子，亚当和夏娃才真正失去了他们的雌雄同体、没有分别心、不觉得羞耻的现实。当夏娃吃了“使人有智慧”的苹果，又把它给了亚当，她就奉送了自我繁衍的能力，走向了倍增的“悲伤和构想”。他们“落”到地球上，穿上了“皮肤的外衣”——当然这是物质身体，不是动物毛皮大衣。在他们地球上的新生活里“亚当与妻子夏娃同房，夏娃就怀孕了”。这个故事充满着性别分化和认识、构想能力之间的连接。

我提到《创世纪》是作为创世故事，而不是宗教教义。这是一个意象丰富的神话，所以我要问：神话是真的吗？也许这样问更好：在哪些方面神话可能是真实的？我相信神话向我们诉说着一些真实的东西，即使字面上并非如此；它们也揭示了关于讲述者意识状态，关于那些人如何理解自己及他们与他人、与自然、与神圣世界的关系。神话永远不会是真理的全部，但它们说的不只是幻想，它们提供了地球生命之谜的一部分。我肯定，在遥远的未来，人们将会讲述自然科学的神话，或者更具体的DNA、原子或细菌的神话。如果他们认为这些“神话”没有深刻的意义，那他们就错了，实际上这些“神话”确实指向一些事实，是在物质层面上对 20 世纪和 21 世纪的人来说如此重要的事实。

我想要讨论在人类意识演进中女性和男性力量的相互作用，但首先我将回到斯坦纳的图景，前面提到过的远古时代地球和人类生活的情形。我应该说，他提供的这些图景源自于所谓的“精神研究”——他拥有通过觉知的天眼看到的“阿卡西记录”（Akashic Record）①——过去时代的灵性记忆。我没有这种感知的能力；然而，从斯坦纳那里接收到的图景，经常帮助我在现实中更清楚地看到一些东西，或者给长期悬而未决的问题以启发。当然，他的一些想法仍然超出了我的理解能力；但既然他已经在很多方面都是正确的，也帮助了我在很多宝贵的维度中打开双眼和心灵，所以，我不能轻易拒绝自己未能立即理解，或从个人经验无法得知的事物。我希望你也愿意思考一下这些图景的精髓，而无需证明每一个细节。

当斯坦纳描述早期雌雄同体人类时，他认为在形式上他们更像是后来的女性。男性的到来涉及到一种分离原始形态的力量和新元素的引入。这种动态在胚胎发育中也发生了作用。虽然孩子的性别在受孕那一刻就已决定，但在前几周里胎儿并未显露性别。如果没有分化力量的引入，例如会使男性形成的雄激素，胚胎会继续发育为一名女性。

斯坦纳还描绘了正在分化的女性和男性的养育方式，并表明它助长了严重的分化。他说男孩被暴露在强化的力量中去发展意志；他们必须经历危险，面对痛苦和培养勇气。另一方面，女孩是要发展强大的想象力，所以她们被置身于风暴的力量和美之中，或在男性的战斗力量中。这些

① 阿卡西记录：是一种不可知形态讯息的集合体（即无法被知觉或体验）。这种观念在西方晚近的新纪元运动中相当流行。它记录了每一个灵魂自创世开始的历史，被编码成只被在少数特定状况下进入状态的人才得以捕捉。

观察是为了培养内在的体验和幻想的能力。[①]随着这些特殊能力的发展，在不断演化的社会习俗中，早期的女人行驶着领导权和影响力。我在这里引述斯坦纳的话，是因为他关于很久远以前的图景是这样的：

> 想象力生命的第一次进步是由女人作出的，只有对这种想法予以考虑的人，才能正确地理解人类发展。与想象力、记忆的形成、为法律道德生活埋下种子的习俗相关联的发展，都来自于这一点。如果男人看到和使用了自然的力量，女人成为他们第一个解释的人……通过记忆，女人获得了使过去的经验和冒险对未来有用的能力。她把昨天证明有用的用到今天，并意识到这对明天也将是有益的。公共生活的制度因此而源自于她。在她的影响下，发展了“善与恶”的概念。通过处处留心的天性，她获得了对大自然的理解。出于对自然的观察，她发展出那些想法，并依此指导男人的行动。领袖们以这样的方式来安排事情：经由女人的灵魂，男人任性的天性和充满活力的力量变得高贵、脱俗。当然，我们非得把这些描绘成带孩子气的起源。我们所有的语言都太容易取材于当下生活的想法。[②]

我很感激斯坦纳说出了这样的警示。我们必须非常谨慎，不要把很久以前的图景转置到我们当今的现实。如果说有什么，那就是我们现在正试图从这些鲜明分化的人生经验中释放。许多今天的女人与男人，包括我自己，可以想象，也确实正在走向一种新的整体性，女性和男性特质在我们内在达到新的平衡。然而，回看漫长的人类故事，斯坦纳的这

---

① 斯坦纳，《宇宙的记忆》，第 73–74 页。

② 斯坦纳，《宇宙的记忆》（修订版），第 78 页和第 80 页。

些图景似乎回应了我们所知道的世界各地早期文化，那时人们从伟大的母神（Great Mother Goddesses）那里寻求启示与指引。

随着妇女运动自 20 世纪 60 年代以来的发展，人们对于神的女性形象越来越感兴趣。比较神话学、人类学和文化史的研究表明，有一个时代，人们把伟大的母神当作生命的创造源泉。这是在被天真地称为“史前”的时代，也就是现在被我们称之为父权时代之前的时期。在奥地利维伦多夫（Willendorf）发现的距今 20000 年的小雕刻俑中，我们能看到圆润、有生育力的母神形象。在对距今一万年的 Çatalhöyük（现今的土耳其）的考古发现中，我们也能看到她，这古老中心的墙体彩绘、泥塑形象、丧葬习俗和建筑上都显示了她的重要性。

母神作为出生和死亡的守护者、疗愈者、文明的使者、宗教仪式的启发者展现自己。崇拜她的文化似乎一直是和平、平等和稳定的。母权制是一种意识的状态，而不是权力。在任何真正意识分化之前的时期里，她是宇宙的万物之母，给地球上的人类带来整合的、非个体化的灵性知识。诗人和希腊神话的译者罗伯特·格雷夫斯（Robert Graves）说：“古代欧洲没有男性的神。伟大的女神被视为不朽、不变和无所不能的。父权的概念没有被引入宗教思想……男人害怕、崇拜和服从女族长；她住的山洞或棚屋的火炉边，是他们最早的社交中心和闪耀着母性光辉的奥秘之地。”①

母神时代没有留下任何的书面记录。书写本身是直到大约 5000 年前才开始的，它预示着维持生命完整性的能力已开始消退；人们就有一种渴望去留下痕迹，为记忆创造未来的提示。意识慢慢更多地转向掌控物质大地，所以母权开始削弱。在无数代人中口口相传的故事开始被写下来，

① 格雷夫斯（Graves），《希腊神话》（*The Greek Myths*），第 13 页。

它们讲述从创造之母的世界逐渐转移向一个儿子或情人出现的世界，在那里开始宣扬一股新的势力，我们可以称之为新男性力量的追求。神话中的战斗与颠覆表达了人们正在怎样经历着他们和宇宙、自然以及彼此关系的转变。

> 最后，在青铜器时代（公元前3500—1250年），我们能从对她的赞美诗里听到，也能从女神的故事里看到，她是一个人，此外还变成了很多人，她有兄弟姐妹和儿女。她是单身又是已婚；她是处女又是母亲；有时她儿子成为她的配偶。像以前一样，她给予了生命，又将它夺走。女神有很多名字，很多不同的故事都在讲述着她，但有一个故事是不变的：与所爱之人分离，那个人死去或似乎死去了，她陷入被称为“地狱”的黑暗之中。这种分离在本质上反映的是光明与繁育能力的丧失。女神坠落去战胜黑暗，为了她所爱的人能回到光明，延续生命。①

这里并不是要详细追溯这段漫长之旅，人类从与彼此、与自然、与灵性世界的集体无意识，通过日益增长的权力斗争，不断加速对自然力的掌控，并且个体从部落或血缘群体中脱离出来。这是一个在世界各地的神话中都有描述、也可以从历史中追溯到的故事。虽然不限于从这个角度来看，它也在很大程度上揭示了在女性和男性之间找到平衡的旅程，成为了人类发展的原型力量。②现在，我想简单地谈几个从西方文化遗产

---

① 安妮·巴林（Anne Baring）和茱莉斯·卡什福德（Jules Cashford），《女神的神话》（*The Myth of the Goddess*），第145页。

② 关于人类意识演进中的女性和男性力量这一主题更详尽的探索，可参见《阿里阿德涅的觉醒》。

中的埃及和希腊而来的形象。虽然我现在只能局限于西方神话，我想重申的是世界各地有很多伟大的女神：伊希斯（Isis）、提亚美特（Tiamet）、伊师塔（Ishtar）、盖亚（Gaia）、伊南娜（Inanna）、阿尔特弥斯（Artemis）、艾拉（Ala）、阿迪（Aditi）、观音（Kuan Yin）、度母（Tara）、蜘蛛女侠（Spider Woman）……她有许多的面孔，被从许多方面来看待。

在埃及，伊希斯被尊为伟大的女神，她的影响持续了 3000 年。最初她与丈夫兼哥哥奥西里斯（Osiris）开明地统治着人民。但她的另一个兄弟塞特（Set），邪恶的沙漠之风，嫉妒奥西里斯，密谋把他放入一个特制的、装饰精美的箱子，然后封死并扔进了尼罗河。伊希斯沿河追寻她失去的爱人，最终了找到了他的尸体。她随之化身为鸢鸟，拍动翅膀在奥西里斯身上盘旋，还因此受孕。塞特发现了她与奥西里斯和他们新诞生的儿子荷鲁斯躲藏在一起。他抢走了奥西里斯的尸体，将其剁成十四块，分散到埃及各处。伊希斯再一次踏上了寻找十四块尸体的艰难旅程，并用正式的仪式将它们埋葬。与此同时，埃及正经历着荷鲁斯与他叔叔战争的苦难。伊希斯也与诸神抗争，让他们承认荷鲁斯是奥西里斯的儿子，因此也是未来的统治者。故事的这一部分，标志着人类的意识发生了巨大的转变——在母系文化中父亲的地位是不重要的，遗传通过母亲而进行。实际上，这仍然是塞特主张夺取统治权的一部分——他是皇后的哥哥。当伊希斯把统治权交给基于父亲地位的儿子，她成为了埃里希·诺伊曼（Erich Neumann）所指的“好母亲”。[1] 这里的故事讲述的不是母亲被变革的力量推翻，而是她的屈服。然而，当荷鲁斯抓获并囚禁他的叔叔时，伊希斯释放了塞特。这激怒了荷鲁斯，他取下了母亲的皇冠，取

---

① 诺伊曼，《意识的起源和历史》（*The Origins and History of Consciousness*），第 64 页。

而代之牛角。在捍卫基于父亲地位的荷鲁斯的权力时，伊希斯似乎也知道变化定会来临；但在释放塞特的行为中，她也表明了女性局限的力量也有一席之地。母亲的力量正在消退，但她自己仍坚守其本质的整体性。我将在以后的章节再谈及更加现代形式的伊希斯形象。

当我们把目光转向古希腊的故事时，可以看到意识的转变以及个体的逐渐兴起更为深远。希腊神话中通常是具有人类智慧的英雄与正在削弱的母性影响力之间斗争的故事，她们经常被塑造为女怪物的形象：斯芬克斯（the Sphinx）、美杜莎（the Medusa）、塞壬（the Sirens）、亚马逊（the Amazons）……为了走出母亲无所不及的领域，人类就像一个叛逆的青少年，宣告着他的意志。许多的英雄，在他们的冒险中的某一个时刻，与一位亚马逊女王结婚——既为了征服她，也为了吸收她一直以来的影响力。当然，在希腊神话中，我们看到了宙斯的统治，他不再是造物主神，而是行使权力的父神。即使是雅典娜，这无所不能的战斗女神，也是以她的智慧而深受敬仰；很重要的是，她不是由女性所生，而是从宙斯的头中出生。这样的形象表示不是自然出生，而是从现在拥有无上权力的男性头脑中孕育而生（尽管通过诡计）。

在希腊神话中我们一次又一次发现这样的故事：个体技能和新的理性——象征着发展中的男性力量——被用来反对假定的、无意识的、更加母性的世界秩序。前面曾提过，我参与到研究女性和男性问题的工作小组，我们给之命名为“阿里阿德涅”。现在我想告诉你我们为什么选择这个名字。

阿里阿德涅是克里特岛（Crete）王后帕西法厄（Pasiphae）和国王米诺斯（Minos）的女儿。女王曾与海神波塞冬（Poseidon）调情，之后他以白色公牛的形象出现在她面前，她生下了牛头人身的怪物弥诺陶洛斯（Minotaur）。由于克里特岛被一直以来的母权影响着，国王无法杀死这个怪物，所以把它囚禁在迷宫里，从中逃脱是不可能的。同时，克里特岛在与雅典的长期对峙中赢得了胜利，雅典人被迫进贡一群年青男女放入迷宫，在那里弥诺陶洛斯必然会吃掉他们。当阿里阿德涅看到雅典青年游街经过宫殿，她被他们领袖的威严迷住了，那是忒修斯（Theseus），雅典国王的儿子。她决定帮助他们密谋逃跑，所以给了忒修斯一个金线团，他可以把金线绑在迷宫的门楣，在他一路走进去时松开。在这样的帮助下，他杀死怪物，然后带领年轻的雅典人回到等待他们的船上。为了感谢她的帮助，忒修斯娶了阿里阿德涅，带着她向雅典驶去。但在纳克索斯岛（Isle of Naxos）停留后，他留下了在沙滩上熟睡的她，扬帆离去。阿里阿德涅一觉醒来发现自己被遗弃，她开始伤心欲绝。但就在那时，酒神狄俄尼索斯（Dionysus）出现了，并想要娶她。这被证明是更富有成效的联盟，事实上他送给她的皇冠化作了星空中的日冕座（Corona），至今在夜晚仍可以看到。

我们的小组是为了寻找平衡女性和男性特质的新的可能，为什么选择阿里阿德涅作为小组的名字呢？我们把阿里阿德涅看作一种新的女性形象——不是母亲，而是潜在的伴侣，是与之一起走向未来的伙伴。忒修斯，追求冒险的英雄，化身为在人类意识演进中正在成长的男性力量；在希腊时期，这还只是刚刚进入发展。人类正在慢慢走向更大的个体责任和意识，也在迈向与灵性世界的新关系。柏拉图的对话和亚里士多德的逻辑，给这种意识的转变提供了其他画面；从古老的奥秘到学院派的运动，对先前所接受的所有假设带来了新的思考和智性质疑。旧有女性本能的连接性，可在故事中弥诺陶洛斯的力量中看到，保护后代的王后的力量，需要被战胜。而新兴的英雄仍在寻找他的步伐，所以更高的女性力量——可以提供维持生命所需的线索——需要“睡”一会儿，等待个体化男性力量更完整地发展。

当然，英雄和公主都在我们所有人内在，他们一起走上了一段漫长的旅程。现在的问题是，他们是否能去作为真正的伴侣向前迈进。当我们在20世纪70年代选择这个名字时，我们感受到这位英雄已经开始在各个方面滥用自己的权力：在他征服地球中，在他因自身原因而引起的冲突中，甚至在星球大战的梦想里。男性特质在社会关系和我们思维中的主导地位正变得越来越具破坏性。该到阿里阿德涅醒来并在故事中承担新角色的时刻了，这实际上是与神结婚的时刻。我们所有的女人和男人，在很多方面正在经历着对一种潜在全新伴侣关系的呼唤。

在过去的几十年里，在理解和实践什么是女人和男人的方式上，我们目睹了许多转变。毫无疑问的是，女孩和女人们比过去有了更多的机会来表达她们的独特性；男孩和男人们也是如此。然而，我一直在呼吁，文化与思维里所保有的男性特质——在男人和女人身上都有——依然强劲和难以改变。现在有比以往更多的女医生、女律师和女银行家；但医学、法律、银行业变成更加平衡、更加以服务为导向、更加合作的职业了吗？答案当然是喜忧参半。

最后性别平衡问题一次又一次回到我们每一个人身上。在我依附于分级的社会结构时，我有多想力图超过别人往上爬？何时我盲目地接受当前同龄人的压力和文化习惯，而没有把我自己的道德操守带入意识和付诸行动？我是否有实践合作和共识、生态意识或社会正义？我是否寻求世俗的认可、权力或威望的关系？我是否可以去爱——不是出于自我满足，而是源于一颗清醒的心在行动？

性别分化是人类现实的一部分，然而不管从内在还是从外在，我们都可以去想象人类具有潜在的完整性。我们的时代鼓励既珍视差异性又珍视灵性合一性的意识增长。我们已经踏上这漫长的旅行，去发展个体责任，去平衡内在的女性和男性特质，这也是我一直所呼吁的。可悲的是，作为传统、权力和广告操纵的受害者，现代生活中很多因素会使我们沉睡，女性在帮助人类走向更清醒和宜居的未来上有更多的事情要做。如果我们只是墨守成规，就无法做到。基于个体的完整性，我们需要贡献出自己所知道的——关于生和死，关于节奏，关于连接与关爱，还有生活本身。只有当我们可以出于自由选择与男人并肩工作时，只有当男人可以自由地超越长期占有、但已不再有生产力的男性特权时，这才能发生。然后我们将能够作为真正的兄弟姐妹，作为在地球上的平等的伙伴，向前迈进，共创未来。

第3章

理解气质类型：欣赏我们的不同

现在，我想来看看四种气质类型的概念——多血质、粘液质、抑郁质和胆汁质，因为我发现这是一种不可思议的工具，它可以帮助我们彼此了解。我们是否经常有这样的体验：别人的行为在我们看来是多么地令人费解？我们想知道是什么让他或她如此行事。或许我苦恼地发现，别人对我无意识的行为接收到了一些什么，它是如何导致了意想不到的刺激、不满或误解。熟悉气质类型将有助于我们对彼此的不同保持更多的欣赏，甚至更多的感恩。

四种气质类型的概念至少从古希腊时期就开始出现了。希波克拉底（Hippocrates，公元前460—370年）把人类行为的不同与四种身体液体的活动相联系，他称之为四种体液（血液、粘液、黑胆汁、胆汁或黄胆汁）。在公元2世纪，罗马医学家格伦（Galen，公元131—200年）更进一步地发现了气质类型的证据，并把它们与四种元素更紧密地联系起来。在中世纪，伊斯兰医学家和哲学家阿维森纳（Avicenna，公元980—1037年）深化了气质类型的理论，包含了道德与情感方面。几个世纪以来，气质类型作为理解人类差异性的有效方法几度兴衰，直到19世纪随着物质主义自然科学的兴盛，人们对环境因素塑造行为兴趣的日渐增长，气质类型在很大程度上被摒弃了。

20 世纪初，鲁道夫 · 斯坦纳给这古老的概念带入新的维度，他将气质类型与他关于四元人类的图景联系在一起。这个图景中的人类有四个“体”，或者说四个不同的方面，其与“性别”的关系在前文已作了讨论，现在我们将从不同的角度再来看它。斯坦纳描述了气质类型是我们与生俱来的，作为存在的一个方面持续伴随我们一生。它产生于入世时四个体的交互作用，并且它也与在我们内在作用的四种基本元素——土、水、风、火——相联系。就像大地、海洋、天空和太阳使得地球生命成为可能，四种元素给所有的事物及我们赋予实质。

练习：唤起对四种元素的关注

轮流思考每一种元素，用笔和纸记下来。以“当我想起土……”开始，用不加修饰的方式书写五分钟，让记忆与体验升起。

带着笔和纸去到户外，寻找每一种元素的表现。你在哪里，并且如何体验到土、水、风，或者火——不仅仅是在有形的形式里，也同样去感受它们作为创造的力量。用铅笔作一些简单的素描。

给两种元素之间写一段对话，例如，土与风。

当你思考土元素，你不难看到它是如何与我们的物质身体相联系的。土作为一种元素不仅仅是指泥土、土地或是星球，而是提供物质与结构，保持形状，体现着坚固与密度，收缩到物质里，屈服于重力。通过土元素，我们可以看到矿物世界法则在运作。脱离了其他体，物质体是没有生命的，是沉重的，最终会腐烂。我们通过感官来认识物质体，感官让我们了解土元素。

感知以太体（或生命体）是更有挑战的，但当它与水元素联系起来就会变得有意义——生命之水。同样，我们谈论的不仅仅是“那个”水（“the” water），而是流动的元素：它是一种流淌着、充盈着、形塑着、倾向于平衡的，让没有生命的物质充满生机的力量。因为流淌，它具有生长和繁衍的力量。正如以太体一样，我们看见这种液体的元素在植物身上充满生机，而以太体在有节奏的流中运动与塑形。

通过星芒体，我们得以让人类超出时空，而进入不可见的心魂世界。这是感受之体，觉知之体。就像风的元素，它是不可控的、反应的、不可见的；所以星芒体使我们敞开，面向周围的一切，接收感觉，对感受或情绪作出内在反应。流动性属于这种元素，也属于我们的星芒体——这里是漂浮不定的，一种向上和向外的运动。

最后我们来看火的元素，它在温暖和热情中展示着自己。它燃烧着和扩张着，它吸引着我们，尽管它也不让我们太过靠近。它点燃着，消耗着，也转化着。所以，人类的“自我”，我们永恒精神的承载者，也以一种发展和指引方向的力量显现着。这里是能量炙热的源泉，是创造力的火花，是连接与爱最核心的可能。

“自我”继承了之前很多世的生命，来到地球；它是我们个体心魂／精神发展的承载者，将自己与星芒体结合在一起。当这些来到尘世，它们又与物质／以太组织连接在一起，这些是父母所赋予的、可以追溯至我们祖先的遗传之流。鲁道夫·斯坦纳对此的观点是，气质类型是当两种遗传在我们身上相遇时产生的：“气质类型处于这样的两者之间：祖先与前世。气质类型努力保持着永恒与短暂之间的平衡。”①

---

① 斯坦纳，《日常生活中的人智学》（修订版）（*Anthropology in Everyday Life*），第 70–71 页。

这四个体是所有人类的组成部分，就像所有这四种元素混合存在于我们内在。四个体交织的方式是由两股遗传之流如何流动到一起决定的。在这种流的整合过程中，一个体占据了主导的地位，这也使得气质类型产生。当然，可以在我们身上找到所有气质类型的方面，因为我们拥有所有这四种元素，存在于所有的四个体之中；不过，一种或两种气质类型不可避免地会更明显。

这听起来相当武断，并且用狭隘的方式把人的行为分类，肯定会让人觉得不舒服。希望当我描述不同气质类型的特点时——会不可避免地做出一般性概括，这并不一定适用于所有人——你不要去把他人或自己局限为一种固化的存在。没有人是所有的气质类型，尽管这是“我们究竟是谁”这个谜团中的一个方面。并且，这确实是很值得去思考的一个方面，正如鲁道夫·斯坦纳所说，“没有气质类型，这个世界将会变得极其无趣，不只是在伦理上，在更高的感官上也是如此。单单气质类型就使得所有的多样性、美丽和生命的完整性成为可能。”①

正是因为每个人身上两股遗传之流的相遇都具有其独特性，这四种基本的行为类型显现出无穷无尽的多样性。气质类型一词来自于拉丁语“temperare”，意指“带入调整”或者“混合起来”。因此气质类型是一种调和的因素，它在我们每一个人身上建立了一种独有的平衡性。我有时会把气质类型看成一个餐馆的领班，他反应最迅速，并且与顾客建立稳固的关系。

气质类型展现在我们对世界的反应方式中，展现在我们的行走、姿态、语音语调和节奏中，也展现在我们的生活习惯中。我们可以或多或

① 同前，第 76 页。

少地自我意识到这些表现，我们也可以尽量觉察自己过度片面的行为；但我们永远都无法从无意识的习惯中完全解脱出来。我们有这样的气质类型不是我们的“错”，但是，换种比喻来说，它有如一条我们与自己生命相遇的通道。尽管有许多因素会对气质类型造成短暂扭曲的影响，例如家庭或者工作场所的氛围、个人危机、现代生活的节奏、媒体、药物滥用，甚至天气，但我们的基本气质类型并没有真正改变。（我会在后文再回到儿童与成人气质的关系这个问题。）如果对气质类型的觉察是有益的，花些时间仔细观察行为就很重要。这里有一份问卷，能帮助收集一些关于你自己或者他人的现象。或许你可以先回答这份问卷，然后再继续阅读更多关于具体气质类型的内容。

问卷：气质类型

设想一下在下列不同场景中，你自己、朋友或家庭成员可能会有怎样的行为。观察并收集这些现象。

1. 你是如何开始一天的？

2. 请描述你的书桌或工作空间。

3. 你是怎样上下楼梯的？

4. 你最喜欢的一些活动是什么？你喜欢它们哪些方面？

5. 你需要一些新衣服，会怎么做？

6. 你到了一个偏远的湖边去家庭野餐，发现三明治没放进篮子里。你会如何反应？你会怎么做？

7. 你和朋友或家庭成员打算去参加朋友聚餐，他们期待你在5：00出现。你会在什么时候做怎样的准备工作？

8. 你的房间堆满了衣服、报纸、杂物……你怎样让它们变得井井有条？

9. 关于上一次大家庭聚会，你还记得什么吗？

10. 你如何做决定？

在开始看不同的气质类型之前，我想说一些关于观察他人，甚至观察自己的提醒。我们可以随时随地地观察人类的行为——在电影院排队时，在杂货店，在汽车站，或者在机场。欣赏气质类型的真实展现会带来巨大的乐趣和人与人之间良好的意愿，以及帮助我们去接纳社交中的烦心琐事。在我的课堂上，讲这个主题的时候总是有很多的笑声，伴随着自我意识的成长，气质类型也更开放地接纳对他人的不解，气质类型或者有时甚至会令人不安，这就是它存在的方式。但在现实生活中很重要的是，气质类型不要成为一种指责或压倒别人的方式。你知道，或曾听到，甚至曾说过："他是如此令人讨厌、专横跋扈的胆汁质！""她是如此的多血质，她没完没了的干扰把我逼疯了。""为什么你那么慢？你一定要这么粘液质吗？"或者"多么悲观的抑郁质啊！"

我们带有气质色彩的行为有时候会惹怒他人，这一点不难理解。然而，我经常想，当感受到别人的气质类型时，我们就在触碰他们与生俱来的那部分，我们就在面对他们来到尘世间需要学习与挑战的那部分。铭记这些，我就知道，当他人的气质类型特别强烈地显现时，他并不是故意为难我，他带着自己无意识的习惯生活着，就像我也是这样。我们能否敞开心扉地去帮助对方，即使有时他的为人处事让我不堪重负？我们能否把这种挑战视为窥见到了"气质的瞬间"，纯然地去经验普遍的人性在其身上以他（她）的独特方式显现？

当我们想要观察气质类型如何在他人身上工作时，我们所面临的道德义务是，将自己从带有个人色彩的评判中抽离出来。鲁道夫·斯坦纳在其内在发展之路的主要著作中，非常清楚地谈到当我们思考他人行为时面临的挑战："用这种方式观察、细想我们的人类伙伴，很容易会陷入一项道德上的错误，我们可能会失去对他（她）们的爱。我们必须先做好一切可以想到的事，确保不会发生这种情形。事实上，我们应该只在发展到绝对确定这些想法是真实的时候，才做这些练习。我们不能让自己抛去对人类伙伴尊严与自由的深切敬意，去设想他（她）们。把别人当作纯粹的观察对象——即使只是一下下——也绝不能这样想。"①

我现在想描述一下不同的气质类型。我必须再一次强调，没有任何一种气质类型的人会有我所描述的所有特征，没有一种确切的概括能适用于任何一个个体。此外，几乎没有人只展现出一种气质类型。每一种气质类型都有优势与挑战。当然，也没有哪一种气质类型比另一种要"更好"。每一种都打开了独特的体验角度，并提供了丰富的人生学习。每一种也都有它自己的片面性。它们一起为我们社交互动贡献了色彩与多样性。我知道我的描述也许看上去有些夸张，我列举的这些就好像不同气质类型的一系列行为画面。

我主要是要谈气质类型如何在成年人的行为中显现。在孩子身上，四个体直到 21 岁才逐渐成形，这部分内容将在下文中详细阐述。因此孩子身上不同体之间的关系在成年之前并未完全展现。我会谈到儿童也展现了不同的行为，并且关注到气质类型将对儿童教育者的工作有很大帮

---

① 斯坦纳，《如何认知高层世界》（*How to Know Higher Worlds*），第 64 页。中文翻译摘自：（台湾）何画瑰译，《认识更高层的世界》，第 60 页。

助。然而，不要把你对孩子的认知过早局限于某种特定的气质类型，因为他们不同的体和存在方式仍都在发展中。①

“我要先把这件事情妥当地做好”

如果物质体处于主导地位，这个人就倾向于抑郁质气质类型。这带来一种沉重的氛围，重力的体验，需要深植大地来保持安全感。我想先说抑郁质，是因为我知道，即便他们不热衷于把自己推向前，但也渴望被看到。被最后选择和感觉被忽视是痛苦的，即便这些对他们来说已习以为常。他们偶尔可能会怀疑自己能贡献什么，然而抑郁质仍深深地希望能服务于他人。即便很难走出自己，他们也想要自我牺牲。他们想要敞开心扉，但是有很高的标准。他们经常希望自己能做到完美，所以最后会对自己非常苛刻。

抑郁质不觉得自己是悲观的，当别人认为他们抑郁的时候，他们往往会感到被冒犯了。生活对他们来说很“复杂”，生活中有太多的事情可能会出错。他们感觉到事情很沉重，总是在防范着潜在的威胁或危险。很多年前，我们与一个非常抑郁质的男人同住一栋房子，他告诉我，当他开着车顺路而下，他总是要找寻一个地方可以靠边，以防有人逆向行驶。还有一个例子，有一次我大约提前了三个星期打电话邀请一位亲戚和她的丈夫来过感恩节，她和她的丈夫是非常相爱的，但她的回答是，“如果我们还没离婚”。我当时一听立刻就问她是否有什么事情不对劲，她简单地回答道：“没有啊。不过，这种事也很难说啊。”

① 关于儿童气质类型两个很好的参考文献：玛丽克·安舒茨（Marieke Anschutz），《儿童与气质类型》（*Children and Their Temperaments*）；戴维（Davy）和沃兹（Voors），《生活方式：着手于家庭问题》（*Lifeways: Working with Family Questions*）中，安·德鲁伊特（Ann Druitt）的《气质类型》（*The Temperaments*）。

如果你爱一个抑郁质，并且他／她也知道这一点，你们还可以分享这种交流的温和幽默。但是，试图去劝说抑郁质从他们的观点中走出来是无用的，甚至是有伤害的。他们感受到的担心是真实的。在向生命的内在和深处探寻时，他们真正地感受到世界的痛苦，别人的不舒服甚至也会影响到他们的物质身体。真正帮助到他人经常能减轻他们的孤立感。的确，抑郁质往往会倾向于从事能让他们同理能力成为真正疗愈力量的职业。当有其他孩子受伤的时候，抑郁质的孩子会急切地去寻找创可贴，他将会很愿意成为有耐心的护士。

从物质身体上来看，抑郁质通常清瘦、修长、骨感。物质身体的重力——仿佛身体里有重担——把他们向下压，甚至肩膀会有微微的驼。他们疲惫的双眼会看到小路上的石头。他们通常喜欢走路，去感受双脚踩在大地上，同时双手放松地垂着，步伐稍稍向内。因其与物质身体的紧密连接，抑郁质会比其他气质类型更容易感到疼痛。一个朋友曾说："我是绝不会跳入冰水中的，从脚尖到脚踝……我哪儿都痛。"他们会倾向于选用特别的饮食，通常也非常注意物质身体的状态——留意体温、疼痛、过敏、饥饿。当你给一个抑郁质的孩子梳头，拉扯会让他们比其他孩子感到更疼痛，所以需要特别小心。

大脑是一个特别的物质器官，抑郁质倾向于成为深刻的思考者。他们很长时间地思索事情，也倾向于从过去获得经验。如果你想想土元素，就可以在抑郁质身上找到岩石般的正直和坚定的信念。他们有条不紊，细致入微，深思熟虑。他们也是忠诚的朋友，正如他们不会去寻求很多的泛泛之交。让抑郁质表达自己并不是那么容易，话语通常会在叹息间就略过。团队对他们是一种挑战。就像一位朋友所说，"我做'我们'做得不太好。"然而，对一个有耐心去从石头中找出水晶的人来说，深度、同情和抑郁质特有的幽默，是他们真正的天赋。

成熟的抑郁质幽默是丰富而有共鸣的。他们看到词语中的多重含义，他们安静地观察人们行为中的特质。他们能够赞美悖论，缓和我们失败的痛苦。一些伟大的丑角和喜剧演员其实都是抑郁质——在他们自己身上，在他们塑造的人物身上。例如，想象一下世界著名的哑剧大师马塞尔·马索（Marcel Marceau），或者伍迪·艾伦（Woody Allen），在他们的众多作品中扮演了自己身上的各种变化。经历了生命的混乱、痛苦和创伤，这些艺术家能够找到可以承受的方式去把它们反映出来，并在某种程度上提升了人类的悲悯。他们让我们笑对人类的缺点，同时也引发我们去深思。

“我没听到自己说什么，怎么知道自己想什么？”

伴随着这个问题，我们已不在抑郁质的世界里，而走向了一个完全相反的气质类型——多血质。这里我们进入了风元素，多变的体验，对所有流经的印象保持开放的体验。多血质在对话中确实思考，而且他们喜爱谈话，语速很快，乐于分享在他们飞逝的意识中流动的思绪。他们会拾起任何话题，不论他们知道或是不知道。有一次，下课后，我无意中听到一个非常多血质的学生对她的一位同学说：“当老师问问题时，难道你不觉得就得去回答它，即使你不知道答案？”她那矜持的同学就友好地看着她，安静地说“不”。

风向的多血质以极大的流动性来表达自我。生动的手势伴随着言语，步伐轻盈，目光闪烁，笑声总是让人觉得亲近，特别是当他们讲自己的笑话或有趣的故事时。年轻的多血质们一起咯咯地说笑，喋喋不休，手舞足蹈。告诉一个多血质的孩子安静地坐着是没有用的，他们真的做不到！多血质有着非常鲜活的想象力，能非常迅速地以自己的内在图景填充一个故事。在你自己还不确定要说什么的时候，他们也会跳起来完成你的句子。他们是富有直觉的、外向、乐观、有魅力，也会使你精疲力竭。

星芒体受印象、想法、欲望所影响，所以多血质活在漩涡般的感受里，注意力分散在各个瞬间。完成任务不是他们的强项，如果你在圣诞节只收到一只编织好的袜子，它很有可能是多血质送的。他们本来也打算要完成另外一只，真的很想！而且最后期限对他们有好处。他们永远有很好的意图，想变得更有条理；但是他们跳进了太多的事情，也开始了太多的项目，以至于永远也不会有足够的时间完成所有的事情。当所有新想法在他们面前呈现，他们通常就忘记了早前的计划。他们也做记录，但之后就找不到了；或者就像有人最近告诉我："我写在手上来提醒自己，但是稍后我就洗了手，什么也没留意到。"他们很擅长列表，甚至会把有些已经完成的事情放进任务清单，这样他们就能有把一些事情划去的成就感。

有时他们因过于广泛的兴趣，因办公桌上的杂乱，因他们的灵活性和社交能力，而变得相当不堪重负。他们很容易变得过于亢奋。一个很有自我意识的多血质曾这样描述："感觉里面像有一只飞动着的鸟，它拍打着翅膀，在巨大的旧货大甩卖中寻找有价值的东西。"有时候这种"过多"的感觉会导致内心的不安全感和自我怀疑。在这种反省和自我批判的时刻，多血质可能会认为自己是抑郁质的；但这里可以检验的是，是否这种感觉会立刻唤起"哦，多么有趣啊！"的想法。

多血质的确有着无穷无尽的兴趣。他们总是非常有创造性，热爱美丽、时尚、才华。他们喜欢旅行，在变化中茁壮成长。新的人、新的冒险、新的想法都会激发他们的热情。虽然他们可能渴望节奏与秩序，但太多的规矩确实会让他们觉得受困。他们并不是想要善变，但总是有新的吸引人之处。也许你有过向多血质的朋友倾诉心事的经验，就在最最扣人心弦的关头，她说："我真的好喜欢你的耳环，是新买的吗？"她真心地关心你在说什么，但她只是刚好注意到新耳环。正如一位朋友所说："我不能用一成不变的方式来给予我所能给予的。我给出我的一切，然后我就继续前进。"

多血质通常善良、慷慨。信任对他们来得很容易，而耐心和毅力是很难的。快乐触手可及，他们渴望与别人分享。年轻的多血质，如果感到他们所钦佩的人欣赏他所做的，就会更加地努力。他们活在当下，多血质并不会抓着怨恨紧紧不放，原谅和忘记对他们来说都不难。他们往往认为自己是可爱的，尽管有人很平淡地说："但反正我真的不担心这一点。"

成熟的多血质可以是有天赋的交际人才。他们喜欢把人聚在一起，连接想法，分享他们所知道的。一个多血质的人这样描述：她具有广阔的外围视野，享受把不同地方的事物编织到一起的快乐。这样不会让多血质感到精力分散，反而是整合和乐趣。他们具有的跳转到新理念、新经验和新关系的能力，有时令人眼花缭乱，甚至让自己也目不暇接；但他们在迅速中找到乐趣，也许因为他们接收得够多，便能机智地找到捷径。他们很少会长时间停顿下来，随着生活不断向前，他们永远更新着良好的意愿，享受着即兴发挥的能力。

"我享受慢慢来"

现在，我们来看另一种完全不同的存在方式——粘液质。他们想要舒适地生活在时间之流里——没有匆忙，没有喧嚣，带着对过程的全然专注。在这里以太体是尤为重要的，持续、有序的生活，带来幸福感，建构着每天的习惯。舒适安逸与流淌的体验，以及节奏——这些是对一个粘液质的健康至关重要的因素。

在物质身体上，粘液质可能显现出水元素的东西。想想一滴水，它是自我包含的、清晰的，接近梨形，它几乎就是世界本身。粘液质们往往是圆润柔滑的。他们步态缓慢、轻松，不会在任何不必要的动作上浪费能量，“欲速则不达”这句话肯定是为粘液质而造的。节奏在他们的内在，他们给家庭、工作流程和社会生活带入秩序。他们喜欢重复和既定的模式。他们想要知道日程安排、大的图景，必须采取的步骤。他们需要时间去了解一项任务，然后用一种平静、周到的方式着手开始工作。

有时粘液质会被描述成懒惰，但我发现事实并非如此。他们可能是梦幻的，所以可能会错过需要去完成的任务；他们通常不急于推进创新。但一旦他们决定接受一份工作，他们是值得信赖和坚持不懈的。重要的是，任务的参数应该明确。如果你请粘液质的孩子去关另一个房间的窗户，因为开始下雨了，当你稍后去那间房间，可能会惊讶地发现外面的门开着，地板上聚了一摊水。如果你接着问孩子为什么他没有把门关上，他很可能会这样回答：“但你没告诉我要关门。”他完成了要求的任务，但不觉得有必要去看周围任何额外的东西。

同样，最好不要一下子堆太多的任务，如，“能请你帮我喂狗，摆好桌子，和倒垃圾吗？”类似这样的一系列请求，可能会不恰当地妨碍行动，“我不能在同一时间做所有这些事情。”如果有一个以上的工作需要做，最好在合适的时间、以从容的方式、详细地概述整个需求。粘液质乐于助人，有条不紊，而且详尽周到，但他们不是特别具有自发性或灵活性。感觉到时间压力或突然的变化会让他们退却。事实上，任何一种变化都可能会引起抵抗，因此他们需要花些时间和精力慢慢实现。

舒适对粘液质在社交上和身体上都很重要。他们很少会成为少数反对派的领袖。他们宁愿站在局外，谨慎地观察和消化正在考虑的事情。他们往往愿意倾听并且不需要总是作出评论，不过，如果他们真正说起来，可以连着讲好一会儿。一群粘液质在一起将创造出每个人轮流发言的空间，并允许他们之间的沉默。只要不是被推着，他们总是很舒服地安住于自身。

粘液质也很在意家、衣服、椅子是否舒适。正如一位朋友说道："我已经试过了房子里所有的椅子和床，它们都很舒服。"如果一个粘液质去参加一次很长的会议，他知道那儿的椅子很硬，就很可能自己带靠垫去。美，令人感到惬意的自然，舒适的环境，这些对粘液质来说也都很重要。粘液质愿意待在家里，他们需要独处的时间。他们喜欢生活中宁静的事物，阅读或编织，或者也许只是坐着。他们不喜欢被问很多问题，并尽可能地避免争执。

美味佳肴常会受到粘液质的大加赞赏，然而更重要的是一顿美餐的悠闲体验。在现代社会中，许多时候他们在奔忙中用餐，这让他们备受煎熬——这对我们所有人来说都不健康，对粘液质们更是如此，他们天生就吃得很慢，细嚼慢咽每一口食物，在回到工作前还需要时间来消化。这也适用于睡眠——他们享受舒适的床，在早上需要一些时间来进入新的一天。我常听到生命中一位亲爱的粘液质说："床是人类最伟大的发明。"

保持清醒对于粘液质来说具有挑战性，但他们清醒的时候是很好的组织者和管理者。他们也是体贴周到、值得信赖和弥足珍贵的朋友。他们的平静给人以空间，他们的耐心是一种慰藉，如果你错过了一堂课或一次会议，他们有最简洁、最完整的笔记。他们通常通情达理，性情温雅，友好和睦。他们的反思性使其成为细致的观察者，天赋常常体现在惟妙惟肖的模仿以及极为精湛的演技中。

粘液质通常能够容忍别人，并且不容易心烦意乱——为什么要浪费精力呢？然而，如果久而久之他们终于觉得受到侮辱，或在某种意义上受人利用，他们天生的善意和接纳也会变为愤怒。虽然这种情况很少发生，可一旦他们真的发怒，它可以像一场海啸，带着巨大的毁灭力量。一个当老师的朋友曾经告诉我，他从来没有去阻止操场上的打斗，除非其中一个孩子是粘液质，因为那孩子或许无法自己停下来，可能会演变成一场真正的暴力。一旦生气，粘液质不会轻易原谅；即使很久以后冒犯行为本身已被遗忘，负面的感觉却依然存在。要扰乱他们善良的天性并不容易，而怨恨一旦形成也将不会轻易消逝。

粘液质作决定，与其他事情一样，都很缓慢。他们可能会花几个星期，几个月，甚至几年，去思考一些人生问题，从不需要与可能受到影响的其他人讨论。然后有一天，决定一旦作出，就无法改变。我听过几个故事，是关于粘液质的丈夫，在某一天的早餐时宣布要离婚或是辞去工作，或者想搬去这个国家的另一端——这令他们毫不知情的妻子万分惊讶。当然，这些都是极端的例子，但这也表现出粘液质在日常生活中独立自主的品质。

“有个工作需要完成，我就是去做这件事的那个人”

随着这样坚定而自信的表态，我们又来到了另一种存在方式。胆汁质的人有一种始终不渝的感觉，他们能面对问题，评估需要，找到继续前进的方向。他们喜欢工作，喜欢做事情。感知到的挑战就如同一份邀请，让他们奋不顾身，去找到解决方案。正如一位朋友所说：“‘不能’不在我的词汇表。”的确，胆汁质有坚强的意志去克服任何障碍和让世界变得更美好的强大内心，他们常常是第一个承担一项事业或任务的人。

这种直截了当、直入主题的倾向，对其他气质类型的人会成为一种挑战。胆汁质真的认为他们拥有正确的视野——他们清楚看到目标，并且知道需要做什么，以及由谁来使它变为现实。他们未必会认为自己是专横或控制的，虽然别人可能会经常这样想，并在他们背后抱怨“她 / 他以为她 / 他是谁？”事实上，胆汁质觉得，在游戏中，在社会环境中，在机构中，在日常生活中，世界缺了他就不转了。一个自我反思和诚实的胆汁质曾说过：“我不是专横，我只是有更好的想法。我的引领是为了让别人来展现他们自己的实力。”胆汁质有这样的体验：事情遵循他们的想法时就会变得更好，他们不明白为什么别人就不能认同他们。胆汁质的孩子们都非常熟悉这种疑惑带来的挫败感：“为什么我们总是要浪费这么多的时间和精力考虑要玩什么其他的，结束的时候，我们不就知道我的想法是最有趣的了吗？总是这样。”

甚至胆汁质的成人也遭受这种困境。他们对自己想法的正确性有信心，这不是骄傲的问题，这是胆汁质体验到的事实。他们相信自己的实力和方向感。当他们的领导力遭到拒绝时，他们感觉就是否定了他们的全部。胆汁质真正想要去效劳，当领导力不被需要或被批评时，他们感到受伤和困惑。但由于他们很难表现出脆弱性，别人更多体验到的是他们的豪言壮语，而非他们的受伤。

胆汁质有充沛的精力，他们不想浪费它——还有好多工作要做！就像他们的元素——火，他们热情饱满，为想法或为手头的任务燃烧着激情。他们天生高效，没耐心。“让我们切入正题吧。”这肯定是胆汁质首先提出的。如果有人在回顾时抱怨缺乏交际的过程，胆汁质很有可能会这样反驳：“我们完成了工作，不是吗？”然而，当他们意识到对别人太过分时，胆汁质会感到真正的难过。这决不是他们的本意，他们只是在遵从自己的直觉、激情和方向。

物质身体上，胆汁质往往紧凑、集中。虽然不一定高大，但他们有威严，很容易用他们的能量充满一整间屋子。他们目光坚定，后背挺直，姿态敏捷，经常紧握拳头。他们的脚步坚定，脚跟先着地，你可能会听到他们从远处房间踏上楼梯的跺脚声。哪怕他们试图踮起脚尖，地面也在震动！等待会让他们不安，他们会敲着手指，让一切都行动起来。

自我反省不是胆汁质天生的强项，虽然随着年龄的增长，他们害怕变得太强硬。他们往往惊讶于别人觉得他们令人生畏。他们可能知道需要努力加强倾听，或放慢想法的速度；但当他们相信自己的直觉、愿意竭尽全力时，这是很难的。事实上，他们多数慷慨、敬业，工作努力，但是他们不一定能收到很好的反馈。他们会用正义凛然的自我辩解进行反驳，甚至可能会对别人的缺点尖刻斥责。这当然使得一些人难以面对他们。给他们的行为竖一块镜子的最好方法就是完全直接，他们不容易接收到微妙的暗示。

信任对胆汁质非常重要。他们认为自己是值得信赖的，并且希望从别人那里得到同样的信任。正如有人说的，他们可以“病态的诚实”。他们有着强烈的正义感，会未经请求就跳起来去为别人辩护，不管别人是否需要他们的帮助。但通常情况下，他们把重要的注意力都放到需要处理的事情上。他们可以有相当严格的荣誉守则，他们必须赢得尊重。尊重对他们来说是一个重要的词——他们谈论它，想要它，并小心地给予尊重。当胆汁质失去对别人的尊重时，关系就会变得困难。他们可以宽宏大量，但也不会轻易忘记曾经认为的不公正。

胆汁质是严肃的人，不会轻易放下他们让世界更美好的使命。他们心系着未来生活着，感觉到生命应该生活在边缘。他们很难保持“低调”。他们喜欢其他胆汁质的强烈，但在他们花时间与比自己更胆汁质的人在一起之后，也已经意识到要向家人道歉。在那样的情况下，他们可以暂时理解为什么别人有时会认为他们“太过分”或太陷入他们自己的正义感。当然，在另一刻，他们会质疑这个**太**字的用法——也许别人实在是太琐碎，或太被动了。谁说他们不应该是标准？中间地带到底在哪里？

混　合

前面说过，很少有人会只表现出一种气质类型。最通常的情况是，有两种气质类型在我们的习性中发挥着强烈作用，有时这两者的目的完全相反。下面的图表能帮助判断主要和次要的气质类型。虽然不是不可能，但很难同时拥有相对的两种气质类型，除非是主导气质类型在中间，向它们两者都赋予了一些它的品质。通常我们有一种更强的和一种次要的气质类型。有时某种气质类型看上去几乎没有，但它可以帮助去看图表上与它相对的那一面是否可能就是主要的气质类型。

图表 1　四种气质类型

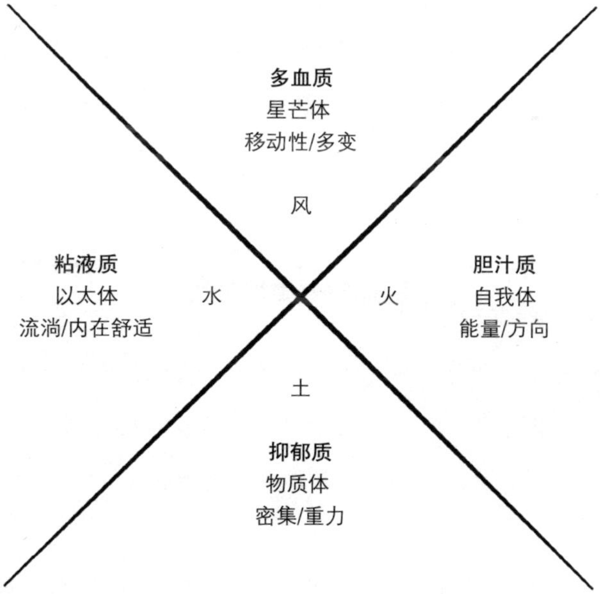

也许因为多血质和胆汁质是更加外向的气质类型，粘液质和抑郁质则更内向，有些组合在一起感觉没其他的那么舒服。例如，抑郁质和胆汁质的混合，能让人感觉到更内向、敏感，天性的拘束有时会与外在的欲望相冲突。当然，气质类型的混合也给我们的生活习性带来了运动和创新。

还有另一种方式来看，我们每个人都是如何表现气质类型特征的组合的。这和我们心魂的三个重要活动相关——如何通过思考、情感和意志来表达自己。当然，在现实生活中它们总是交织在一起的；然而，考虑每种不同的心魂活动是如何呈现它自己，这是非常有用的。也许我的思考是非常多血质的：我很容易跟随着联想偏离主题，有时甚至忘了主题是什么。但我也认识到，我的感觉更胆汁质：我对事物的感觉很强烈，以我的喜欢和不喜欢而投入进去，激动地表达自己。或许我的思考更抑郁质：我怀疑自己的看法，或在作决定之前设置重重障碍。可是我的意志可能会很粘液质，就如同我等待别人推着我去行动，或我满足于舒舒服服地待在幕后。从这个角度来看我们的行为，可以非常具有启发性；我们开始更好地理解内在冲突，通过关注于中心意识，给我们的日常生活带来更多内聚力。

练习：气质类型时刻

画下或写下关于你生命中的一段经历，当时你的气质类型是所发生事情的主要因素，你可以称之为“气质类型时刻”。要尽可能详尽。分别写下或画下来自你童年和成年的一段经历。

我要谈一下自己的体验，来举例说明气质类型的组合会如何在现实生活中发挥作用。我的先生常常哀叹，他的多血质天性追求多重兴趣，他回应各种向他而来的需求时总是脱口而出说“yes”；但接下来正是他那粘液质的一面——给他留下一大堆任务，需要去完成那些过度的承诺。我同样有这种综合症，但不同的表现是：我多血质的一面也是积极地回应向我而来的许多事情；但是接下来，我内在的胆汁质突然间感受到了太多的拖延和混乱，所以会集中于高效地完成任务。不用说，当我们以不同的方式承担一个有交集的任务时，那一定会充满挑战——他想从我旋风般的能量中逃出，而我也不耐烦地要他加快速度！

气质类型是如何在我们的关系中发挥着作用，这是一个永无止境的反思课题。是反向吸引，还是我们被他人身上与我们相似的存在方式所吸引？我的经验是，这个问题没有简单的答案，因为很多不同的因素在吸引与抗拒之间发挥着作用。但也不难看到我们无意识的习惯——我们作出反应、接受一个任务或赶上最后期限的方式——是如何成为长期关系中挣扎的源头。在这里，气质类型的想法可以为自我觉察和欣赏合理的差异提供一种很好的工具。在我们的自我发展中，要面临的挑战是注意气质类型的影响，尤其是过分的行为。作为父母、老师、伴侣、同事或朋友，我们的存在方式不可避免地对其他人造成影响。

孩子的生活习惯深受父母和老师的影响，当他们周围的成人能够控制过度的气质类型片面性，孩子就能很好地被养育。幼儿的物质身体和行为模式被他们在周围经验到的所影响——直接影响到意志力、情绪、幸福感、信任，甚至呼吸的发展。孩子格外容易受到伤害，例如，永远无法完成项目的轻率，笼罩在计划和行动上失败的阴影中，失去活力或自发性而导致的墨守成规，语言或活动爆发而带来的震惊。

性别也是我们如何带着气质类型生活的一个影响因素，其他人对一个男人或女人表现出的特定的存在方式，可能会以不同的方式回应。举个例子，我认识的许多胆汁质女性，由于传统对男性和女性的观念，痛苦地被指为不像女人。纵使经过了多年的女权运动，很多人仍然更愿意接受胆汁质的男人，而不接收胆汁质的女人。在一种性别中被视为强大和表现为领导能力的行为，往往在另一种性别中被视为是进攻性的或者甚至是威胁性的。一种有用的方法是，问问自己是以什么样无意识的方式去判断与气质相关的行为，认为它适合这种性别还是另一种。这种自我反省可以帮助我们摆脱刻板印象的陷阱，让我们对每个个体的独特性和天赋保持开放。

气质类型还会被我们的国籍或年龄之类的因素所渲染。关于民族色彩问题，你可以回忆不同国家人的笑话。这些在政治上往往并非正确，但它们能捕捉到来自不同国家人的细微差别，例如，法国人、德国人、英国人、意大利人。我们的个人气质不会改变，但我们可以体验到它被生命历程中的其他因素所调和。

我们肯定可以看出，随着年龄的增长，个人气质中具有浓厚的年龄色彩。所有的孩子都有多血质的元素：他们喜欢玩，他们会问很多问题，他们全然活在当下。青春期和年轻人在为未来制定计划、踏上生命探索之路时，是胆汁质可能会出现的时候。中年人承担着多重的责任和压力，会带来抑郁质的阴影；我们感受着所有承载着的重担，这包括自己的存在方式带来的后果。老年人往往会感到需要节奏和秩序，如粘液质，并且一次只能做好一件事，舒适变得比以往更加重要。

我希望明确的是，尽管气质类型给我们的生活经验和与他人的互动提供了巨大的财富，它们也为个人发展创造了挑战。自我意识的一个重要问题是：是我拥有了气质类型，还是气质类型拥有了我？有多少行为是习惯的上演？是它掌控了我？当无意识的习惯显现，气质类型很容易扭曲我们对情境和人的反应。想一想当我们很累而无法回到自己内在的中心时，我们的行为是怎样的：我们可能会变得专横和控制，或恍惚和封闭，或焦虑和孤立，或心烦意乱和失魂落魄。我们总是要受到挑战，以使自己保持清醒，重新连接真正的中心，由“自我”的力量所指引。

虽然我们不会改变基本气质类型，但当它们显现时，我们可以有意识地把平衡的力量带入。第一步，当然是识别气质类型是如何参与到我的行为中。事实上在很长一段时间里，我可能会拒绝这种自我认知，“我不是真的那样……我只是碰巧做一次那件事而已”。但渐渐地我会意识到，不管我更深的意图是什么，这样或那样的习惯是如何造成了常规性的严重破坏的呢？然后我不得不承认这是我的一部分。如果我不接纳自己是怎样的一个人，我将无法带入更多的意识或发展更多的控制，从而找到通向未来之路。带着接纳，我会尝试迈出一小步，去建构出更多平衡的行为。

很多年以前，我与两个朋友一起去旅游，我们谈论气质类型的过度行为和我们能为此做些什么。一个朋友认识到，即便不需要，她也很容易地就去控制局面。于是她就给自己设立了一个任务：把方向盘交给司机。这是在希腊，坐在山路崎岖的公共巴士上，不可否认，这是有威胁生命安全的因素存在的。但放弃内在要控制司机的欲望仍是一个有价值和有挑战的练习，而且这还带来坐车更加不紧张的好处。我的另一个朋友决定，她要每天找到至少一件可以嘲笑自己的事情。我决定，我会更加注意松开我的拳头——没有了我紧紧地抓住事情不放，这地球也照转！

如果我们能记住不同的气质类型给我们的生活经历带来多种变化与色彩，我们将能够超越它们有时令人难以承受的表现。它们是我们生命学习的一部分，是我们将如何在谦卑、自制与同情中成长的一部分，是我们如何与自己、他人和地球上的生命相连接的一部分。当我结束这一章时，想起了一个故事——我不记得它的出处——一个园丁不停地写信给农业部门，咨询如何除掉某种特别的杂草。经过多次失败的建议，最后的答复是，也是我认为在理解气质类型时最需要的："我们没有更多的建议给你去除掉花园里的那些杂草，因此我们只想建议你学会去爱它们。"

第4章

生命四季：发展阶段

和许多20世纪70年代后期的人一样，我阅读了盖尔·西伊（Gail Sheehy）的畅销书《路》（*Passages*）；在深受鼓舞后，自己便开始了对成年人生命阶段的漫长探索。那时我已经研究过儿童发展，尤其被让·皮亚杰（Jean Piaget）和艾里克·埃里克森（Erik Erikson）的著作所触动。如今恰恰正是成年人的发展使我充满疑问。我发现我想要的不单纯是用现象学来描述不同生命周期中所发生的事件；我想要了解，为什么人们如此迥异的生命却似乎沿着可预知的路径在发展。我知道这不仅是因为同样的文化背景下人们的生命经历会很相似，而且，必定有某些更深层的东西影响了人们在不同生命阶段成长和发展时所面临的可能和挑战。

就在那些年（从1977年至1981年），我热切地等待着《人智学学会通讯》（*Newsletter of the Anthroposophical Society*）每季的新版，就是为了能够读到由乔治（George）和吉塞拉·奥尼尔（Gisela O'Neil）编辑的"人类生命"（The Human Life）版块的最新内容。① 这些受到鲁道夫·斯坦纳灵性科学研究启发的文章，可以让我进行更深层次的探索。1979

① 这些文章后来被弗朗林·朗兹（Florin Lowndes）编辑为《人类生命》一书。

年，一位荷兰医生伯纳德·立夫（Bernard Lievegoed）所著的畅销书，名为《阶段：个体的危机与发展》（*Phases*：*Crisis and Development in the Individual*），它的英文译本更进一步丰富了我的研究。

现在有了人类生理、心理和灵性的发展优势的清晰图景。这种三元性方法压倒了我之前曾经看到过的许多关于人生的片面观点。在现实生活中，身体、心魂[①]和精神[②]（可简称为身、心、灵）时刻交织在一起，因此如果想要分别描绘它们的特性多少都会有些不真实。尽管如此，承认这种困难，我们就能够努力去领会这三者对我们尘世生命的不同贡献。我觉得尤其是在这个多数人都认为人类的本质就是物质的、动物身体的时代里，这种三元性观点至关重要。诚然，心理学承认心魂（心智）的事实；但经常出现的观点是，精神被模糊地囊括进了心魂，或者被一起否定了。这也正是鲁道夫·斯坦纳的贡献之一，他用多种方式详尽阐述了身、心、灵三元性。我们不断地随之去转换视角，从而找到全新的角度来看待鲜活的人类。

身体提供了一个容器，使得心魂与精神能够存在于世间。个体的精神为来到尘世提供了动力。心魂通过身体本能和感官体验，逐渐了解物质世界的现实。经由四肢，精神的意图得以实现。心魂持续不断地在精神和身体之间调节，如桥梁般连接它们，并让我们了解我们自身独特的个性。思考、情感和意志是心魂的全部活动，思考更多与精神相连，而意志则通过身体得以具体显现。情感存在于心魂活动的中央，不断地运用融合感和离斥感，将我们与精神和物质连接起来。

前面提到的这些特性描述也许听起来很抽象，而且每句话都可能带

① 译注：本书中，soul 有时译作“心魂”，有时译作“灵魂”。

② 译注：本书中，spirit 有时译作“精神”，有时译作“灵性”。

来争议。身、心和灵都不是固化的实体，无法被量化或质化。它们存在于生命中，存在于互动中，人类在地球的生命是通过它们得以存在的。伯纳德提供了一个简单的图表，可以让人描绘出人类如何经验这三个领域。很多年来，我心里带着这幅图景并努力研究，现在给出我自己演变后的图表。

图表 2　人类经验的三个领域

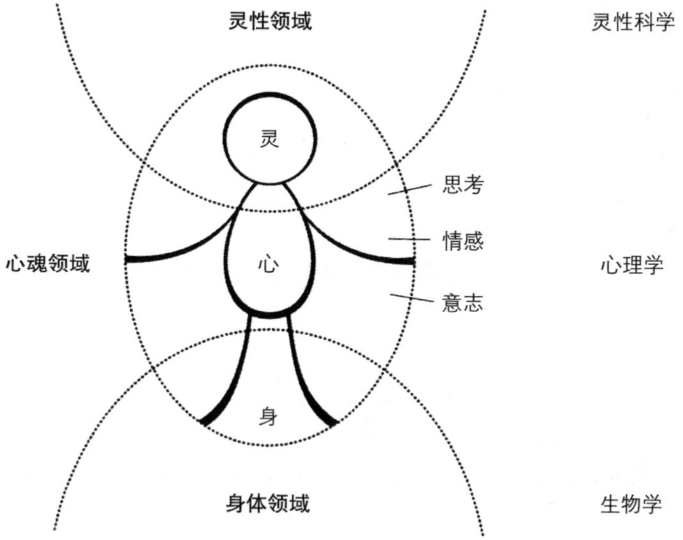

这种三元性观点也可以通过个体生命的时间轴展现出来，但不要把它当成模板，因为在我们身、心、灵发展和互动的不同路径中，它只显示出基本的标志点。如同前文中所描述的一样，这幅图景假定个体的精神或“自我”会再次投胎——它带着自己之前个体所演进的成果，来到地球开始新的一世。在生命的头 21 年中，精神或“自我”才逐渐与发展中的身体保护鞘（物质的、以太的和星辰的）产生连接。然后在中年阶段，灵性或高层自我渗透并重新作用于之前发展了的身体和心魂。最后，随着个体步入老年，精神开始从以往与身体的紧密连接中分离出来——变得自由，直到最终身体死亡时它完全离开。

根据身体遗传和父母血脉为基础的生物学生长线缓慢地趋于成熟。人类的孩童需要一定时间才能长大成人。从无助的婴儿，经过童年和青春期，直到21岁成为独立的人，这期间需要非常多的生长活动。就一般性讲，从物质身体的角度来看，至少直到40岁左右，我们可以看到一个相对稳定和平衡的阶段。此后，纵使我们想要抗拒，身体的活力依然会渐趋衰退。无论是从感冒中康复起来，还是去爬山，都需要比以往更长的时间；我们的身体需要一些关注。随着时间流逝，无论我们进行哪种体育锻炼，我们的身体都不如以往那么有活力、灵活或强壮。老年时期，感觉器官逐渐变得没有以前敏锐，而且体力慢慢降低，直到最后身体不再能够维持生命。

图表3　时间轴一

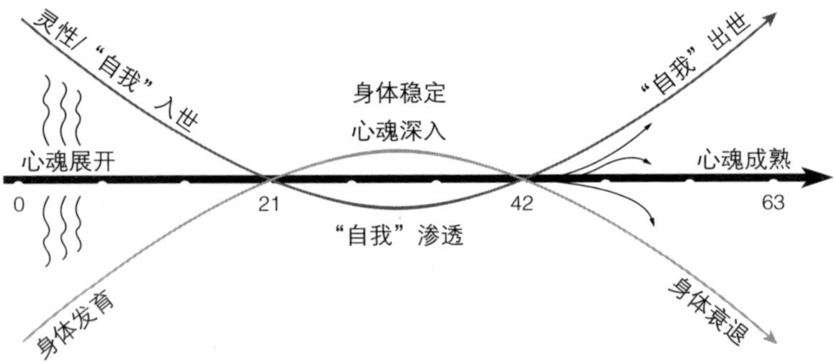

随着生理和精神发展线轴的逐渐形成，心魂或心理领域在两者之间展开。从童年到青年，个体经历着尘世间的生命，带着全部显著的天赋，同时也带着痛苦和创伤；自始至终，心魂不断显露并一直用自己的方式努力融入个体的思考、情感和意志中，为在余生面对生命的挑战和机遇奠定基础。“自我”进驻心魂，而且这种心魂的维度在成年后的未来几十年中将会持续加深。鲁道夫·斯坦纳为21岁至42岁期间逐渐到来的心魂的不同方面命名：感觉心（the sentient soul）、理知心（the intellectual or mind soul）以及觉知心（the consciousness soul）。在后文描述到个体阶段时，我还会回到这个话题。

在这幅发展的图景中，鲁道夫·斯坦纳带来的另一个洞见就是，基本上人到了 40 岁，从某种观点来说，个体的人也展现了整个人类意识的演变。他提出，全人类现在正发展着所谓的觉知心，这类似于从 35 岁至 42 岁的个体心魂发展阶段。在后文我会深入这一点，但此时我想引入一个观点，那就是，随着我们进入 40 岁，每个人都跨过了一个门槛。从此时起，我们将对自己会变成怎样的人越发地担负起责任。我们面对挑战，要去唤醒自己的灵性，更严肃地进行内在发展，以及用一种更加完整的方式来了解我们自己。我们心魂的成长、停滞或是衰退现在取决于我们如何过好每一天。我禁不住要思考，或许这就是“生命始于四十”这句民谚的真正含义。

图表 4 时间轴二 七年周期

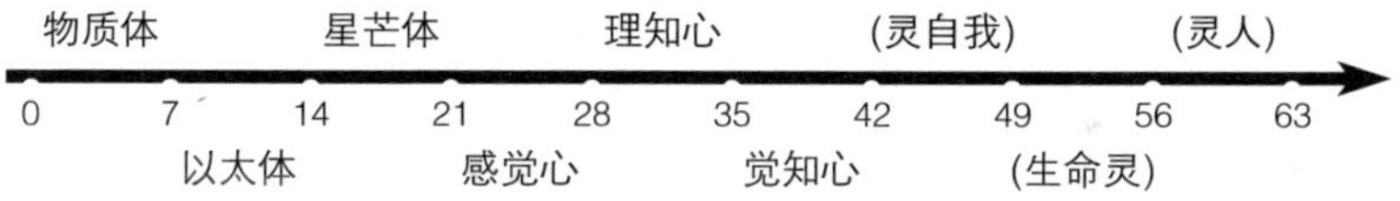

如果我们唤起这种内在觉醒，随着精神逐渐摆脱对身体的依赖而变得自由，我们的心魂也可以随之翱翔。如果我们越发强烈地认同身体的自我、物质的成功或者我们在世间的财产，那么我们的心魂必将随着身体那无可避免的衰退而衰退。当然，在我们 40 几岁时，这既不是严格的二元对立，也不是一劳永逸地决定一生的时刻，而是在我们人生的后半段，时常去面临内在觉醒所带来的机遇和挑战，并且，随着年龄的增长，更进一步地塑造我们的心魂。

从正在演进中的人类意识的角度来说，42 岁后的发展阶段，是一种全人类在未来纪元即将发展的预演。无论是对于个体还是对于我们全人类的未来，这种精神发展并不是上天安排的。只有我们自己才能够从正在觉醒的自由中发展出来。它呼唤我们每个人的责任感，让所有人一起成为更有意识的守护者，来照看这可见以及不可见的世界。鲁道夫·斯坦纳给这未来的发展阶段命名为：灵自我（spirit self）、生命灵（life spirit）以及灵人（spirit body），并将它们与42岁至63岁的阶段相联系。①

多年来，这条时间轴对我而言看上去似乎足够了，即便63岁以后的箭头指向比较模糊。然而，此时的我已经进入60岁阶段，63岁后不再有可供参考的内容而变得难以接受。我能够理解斯坦纳的想法：这个年龄以后，甚至更远的70岁以后，我们已经与这一世出生前的基本意图相遇了。到那时为止我们如何对待这些意图，从那以后当然要去应对它们所产生的后果；但是同样也需要面对更多与未来、而非与过去相关的全新事物。有时候人们会用“再做众神之子”来描述生命后期的这些年，可是我必须承认，在60岁中期，我的内在对这个观点的回应是讽刺地说：“这些神一定是疯了！”这个时期，感觉并非是简单地把我从之前的生命束缚中释放出来；相反，这是一种既被抛下、又被绑得更紧的感觉。

在寻找一个可以涵盖63岁以后的生命模型时，我的脑海里不断地萦绕着一年四季的图景。继续使用21年（7的三倍）的时间跨度来划分，这幅图景很容易就能扩展到84岁。我仍然在寻找可以包含超过那个年龄的图景，而且我认为这种探寻也非常重要，因为越来越多的人能活到90多岁，甚至超过100岁。到目前为止，我必须让63岁以上的年纪无限地扩展。年长的读者们，我非常愿意与你们取得联系，来分享你们是如何

① 关于这些不同体征的描述，以及思考、情感和意志的心魂活动，可在鲁道夫·斯坦纳全部的作品中找到，尤其是《神智学》第一、二章。

感受 63 岁以后生命阶段的不同的。

当经历了一年的时光流转，我们能感受到周围自然界中的许多变化。我生活在新英格兰（New England），与变化的四季有着丰富的邂逅。很明显，这里与世界上其他地方的情况会不一样。但是，即便在热带地区，尽管一年中气温鲜有变化，仍然可以在植物的生长周期、风与潮汐、光的品质中，在雨季、旱季以及两季之间的时段中感受到细微的差别。地球上充满着生长与衰退、生命与死亡、新生与凋落，分明的四季塑造了我对于这些节奏的个人体验，所以我倾向于用这种四元的观点来看待人类的生命阶段。

每个季节都让我们更了解地球，并且给予我们外在和内在的体验。在花园里，每个季节都有它提供的礼物和需要的关注。但是很多人现在都生活在大城市里，很容易就忽视了大自然的需求，更多的是在时尚话题或者计划假期时才发现季节的变化。集中供暖和空调在发达国家如此普遍，以至于很多现代人坐着温控的汽车，奔走于温控的家和办公室之间，除了让人心烦的天气或者天气预报以外。他们对于气候变化只有非常有限的感觉。当然，我在这里有些夸张，但我只是想请大家作片刻的停顿，去思考一年四季的循环往复提供给我们的非凡礼物。

有时候生命中意外的新发现是很有趣的。就在写这一章时，当我结束布鲁克林的课程后，经历了一次偶然的地铁延误。这让我在回马萨诸塞州的家之前，可以有两个小时在中央车站闲逛。通常我用欣赏的目光瞥过星光满布的穹顶后就匆匆离开。但这次我有时间好好逛逛，最后发现了一位韩国艺术家阿黑（Ahae）的摄影作品展，他在过去两年时间里，就在他家的同一扇窗前，照了近百万张照片。在这里他敏锐地捕捉到了四季的精微变化，相同的风景、天空、动物、鸟、树、丛林、流水——相同的事物，但在一年的不同时期看起来又是如此不同。自然界在一年中的循环往复与由生到死的人类生命，这两者对我来说有异曲同工之妙。

就在我写到这里时，正值春天的萌动。连续数周白天都格外清凉、潮湿，所以我能够看到树上的蓓蕾渐渐饱满，不断孕育，直到花儿绽放、叶儿舒展的那一刻。春季花朵的再次开放使我想起了孩子们玩的躲猫猫游戏。有些东西开始在晴天展露，然后经过霜冻的夜晚又收拢。温暖的太阳和轻柔的微风为生命带来了希冀，空气仿佛在整个花园里跳跃。每一年早春新绿的美妙都让我禁不住屏息赞叹——哪怕是一棵粗壮的老树都会有新生的感觉。春天，像一个年幼的孩子，激起内心生气，带来希望。这是一个重生、复苏、焕发巨大生机的时刻。

在自然界中，万物皆有时。若我们匆忙催促，就需要为之承担风险。我曾经看着一朵虞美人的花蕾外壳脱落，花朵在我眼前绽放。人生得以见证这样的奇迹，真是一份伟大的礼物。几天以后，我又在另一朵几乎快要开放的虞美人上看到了花蕾外壳，我忍不住轻轻弹了它一下，想要再次守看花朵舒展的瞬间。但时机不对，那朵花再也没有开放。我的急切使得外壳过早脱落，阻碍了它接下来的生长。伴随着沮丧，我深深地了解到万物皆有时，以及跨越生命门槛时作用着的内在力量。

我们可以为夏至庆祝或是为 21 岁举杯，但谁又能清楚地分辨出从春到夏，或者从青年到成年的那一刻呢？这是一个过程，一种循序渐进的转化，直到有一天我们才知道自己已经迈过了那条虚幻的界限。外在的世界里，绿色变得更加丰富多样，像极了人们二十几岁的人生经历。随后，自然界枝叶繁茂，绿树成荫，仿若 30 岁的生命一样。夏季带来郁郁葱葱、盎然生机、鲜花和累累果实；阳光明媚，白日漫长。这也是生命中充满活力的时期，即便偶尔也会有慵懒的宁静和不受时间约束的感觉。夏日的空气通常湿热难耐，突然间又电闪雷鸣。在 21 岁到 42 岁期间，充实我们人生的是找寻生命的道路，遇到重要的人，拓展工作与事业，而且多数人还会建立家庭。我们感觉被拉扯到几乎超出极限，不断地向外追寻，想要知道我们的中心到底在哪里。

但随后白天日渐变短、变凉；我们被拉回内在，开始意识到新的工作。清爽的空气唤醒我们，为冬天做好准备。随着步入 40 岁，我们真正要面临的挑战是唤醒自己的本质，并且需要勇气和一种新的、可以超越身体日渐衰退的力量源泉，而且在更持久的现实中了解我们自己。秋日的落叶在绚烂的色彩中告别：一场持久的欢呼，一抹辉煌的红色、橙色和金色。这是一个收获的季节；并且随着我们从 42 岁进入 63 岁，生命的课题彰显出来，让我们反思。大地开始变硬，草儿变得枯黄暗淡，但是天空却有着夏日见不到的清澈。在秋季硕果的美丽与多样中，在人到中年赋予我们的人生学习核心中，我们是否能以开放的眼光展望？是否能体验到万物再次复苏的希冀？

> “实际上，在整个一生中，我们都应该记住，新的一年有让我们感到欣喜的可能，因为每一年我们自己的灵性内涵都会以全新的形式如魔力般展现。我想强调这一点，我们应该真真正正地学会经验我们的生命，因为不单是在青年时期，从出生到死亡的整个生命过程中我们都有能力去发展。”
>
> ——鲁道夫・斯坦纳（1919 年 9 月）

随着时间的流逝，我们经验到周围的一切都开始收藏，黑暗变得更长。没有叶子的树只剩下枯枝，好似荆棘一般。初冬，风景变得更加突兀，树上叶子的覆盖、充盈生命的面纱都已消逝。严寒将我们推向内在，让我们直面赤裸裸的本质。这就是我们步入 60 岁，甚至更年长的人生境地。即便我们徒劳地想要摆脱时间留下的痕迹，经历过的岁月仍会在我们的身体健康中显露出来，在我们的身体和脸上呈现。我们的习惯更加固化，身体更加僵硬。这时，我们也随之走入内在，去了解我们的灵性核心，去总结与回顾生命。冬季，坚硬的大地底下仍活跃着，为来年春季做准备。尽管从外面看来在冬眠，但冬至后光明正日益增强，努力朝向复苏的力量非常巨大。

大雪降临，冬日世界一片洁白，好似一位长者的须髯。神秘蕴藏在白雪覆盖的大地的寂静中。古时候，人们在冬日炉火旁猜谜，努力参透线索，找到答案。随着年龄的增长，我们——以及那些关爱我们的人们——面对漫长的人生故事之谜，努力地解读线索，了解这个独特的人是如何成长的。

带着对季节的觉察度过一年的循环——觉察一年不同时期的礼物与挑战、节奏与生长模式——可以帮助我们深入地理解人类发展。留意季节的变化，例如通过在整一年内始终画同一棵树，建构起我们感知转化（transformation）的能力；而且这也引领我们更深刻地理解他人和我们自己的成长方式。鲁道夫·斯坦纳写了许多优美的颂词来说明这种相互交替——在世界中发现自己，在自己中发现世界。有一首是这样的：

广袤世界朝向你，
在它的面容上，
感知你心魂的秘密。
世界已深刻在心魂深处，
在你的面容上，

感知世界鲜活的本质。[①]

当然，重要的是我们要记住：对斯坦纳而言，这个“世界”超越自然界，它也包括灵性世界那些看不见的实相。然而，对自然的观察练习用非同寻常的方式开启了对发展的鲜活体验。

当科技越来越精湛，我们会不自禁地忽略大自然的节奏——用人类的意志取而代之。如果可以从南方空运，为什么不能在冬季的北半球享用莴笋或草莓呢？或者，为什么不强迫大自然在我们想要的时候长出我们想要的东西来呢，这样不是更好吗？我们可以做到这一切，而且也确实在这么做。但在此过程中，我们是否失去了一种从刚采摘的新鲜莴笋和充满阳光甜美气息的草莓中品尝出独特的、春天的味道的能力，甚至是经过期盼、等待，然后尽情享用它们的能力呢？我并非想要陷入怀旧情绪，或是在这里写一篇冗长的反科技文章；我跟其他人一样，对于科技让现代世界如此舒适、充满多样性心存感激。但是我想要对自己的选择和倾向的节奏更有意识，更有责任感。我非常赞赏不断壮大的购买本地作物运动，和基于多种原因发展起来的可持续农业实践。其中最重要的是，这些都引发我们更加清醒地看待人类与自然之间的关系。

遗憾的是，我无奈地看到人类自以为是地凌驾于自然界的时间和节奏之上，甚至用这样的方式对待孩子：我们是如何催促孩子在小小年纪就发展出成人的行为和技能，我们的幼儿园是如何变成一个进行不合时宜智性开发的温室，这些最终都会导致孩子的不健康。关于自然和我们自身节奏的重要性，还有很多值得去学习的地方。

---

① 斯坦纳，《颂词与冥想》，第 55 页。

在接下来的章节中，我想要探讨的人类发展是基于七年为一阶段。紧接着就会有这样的问题："为什么是'七'？"可能不难看出，"七"是一种与发展紧密相关的节奏。我们习惯于一周有七天，彩虹有七色，音符有七个。经过七步之后，我们似乎就会来到一个新的起点，而且知道这趟旅程已经改变了我们。

从很多方面，如在神话、童话故事、宗教教义以及各种奥秘传统和实修中，我们也了解到"七"是一个有重要意义的数字。莎士比亚的《皆大欢喜》（*As You Like It*）中有一个人物，名叫杰奎斯（Jaques），他有一段著名的独白是这样开始的："全世界是一个舞台，所有的男男女女不过是一些演员；他们都有下场的时候，也都有上场的时候。一个人在他的一生中扮演着好几个角色，他的表演可以分为七个时期[①]。"另外，生活中我们也常常引用"七年之痒"的说法。甚至在民间智慧中，认为我们身体的细胞会每七年全部更新一遍。虽然这不是真的，但却是一幅发人深思的画面——不间断的改变存在于持久的自我体验中。而有趣的是，是"七"一直存在于这个"神话"里，而不是"六"或者"八"。

很多读者可能对英国导演迈克尔·艾普特（Michael Apted）为BBC制作的热门系列剧《人生七年》（*Seven Up!*）很熟悉，它追踪了英国来自不同社会阶层的一群孩子，那时他们都是7岁。当初在1964年时的打算是对英国阶层体系作一次性说明，但这个节目引起了公众强烈的兴趣，因此影片制作方就持续地每七年回访这群人。最近一期是2013年1月在美国影院上映的，这些参与者已经56岁了。且不论它最初的政治目的，通过每七年对不同的生命故事进行跟踪，这部系列片已经成为一部令人钦佩的人类发展记录。尽管生活环境存在巨大的差异，然而在特定阶段

---

① 莎士比亚，《皆大欢喜》，第二幕，第七场。（人民文学出版社，朱生豪译）

中，他们的工作、家庭、志向或自尊却呈现出惊人的共同之处。

所以回到刚才的问题，"'七'到底有什么特别之处？"我在这里再次发现斯坦纳的研究和洞见极其有帮助，即便它们有时也让我深陷谜团。前文我曾提到，斯坦纳讲述了大量有关从死后到再次投胎之间的经历。在描述死后与再生的这段旅程时，他谈到了我们所经过的七个行星领域，这既是对上一世生命的回顾，也是为在地球的新生命做准备。[①] 我们可否不受空间、俗世的限制，来构思接下来的想法？我们可否认为宇宙中的行星不仅仅是夜空中看到的光点，甚至也并非未来空间探测的目标，而是广袤的灵性活动领域，它影响着地球上所有的生命，这包括个体灵魂以及共同发展阶段？我们可否想象，在具有不同行星品质的领域中，为新的入世做好灵性的准备？我们可否不陷入占星术的浅薄或宿命论的俗套，而通过想象力来获得心理层面的认知？

我们现在来看一个星期中每天的名字，这种节奏实实在在地影响着我们在尘世间的生活。一星期中每天不同的名字与前面提及的七颗经典行星相关。每周都铭记着透过灵性存在及其赠予我们的禀赋所带来的演变。星期日（Sunday）显然涉及太阳（Sun）。星期一（Monday）反映的是月亮（Moon）。想找到星期二（Tuesday）与火星（Mars）的联系，我们需要来看西班牙语中的 *martes* 或者法语中的 *mardi*。类似的，星期三（Wednesday）与水星（Mercury）的关系，可以在西班牙语中的 *miercoles* 和法语中的 *mercredi* 发现。星期四（Thursday）与雷神托尔（Thor）呼应，挪威人用它指代木星（Jupiter）。同样，星期五（Friday）指代挪威女神弗丽嘉（Frigg），她与金星（Venus）有关，等同于西班牙语中的 *viernes* 和

① 斯坦纳，《在宇宙之家》（*At Home in the Universe*），"行星的个体性"（Individualities of the Planets）。

法语中的*vendredi*。星期六（Saturday）读音上明显与土星（Saturn）相关。问题是：我们是否经验到一周中每一天品质上的不同——这种不同超越社会实践或传统？如果是这样，它能否揭示出宇宙的深层影响？

谈及这些行星领域，或者探索以地球为中心，宇宙会对人类心魂、灵性产生影响，斯坦纳绝不是唯一的灵性导师。古希腊人谈论七大天体，它们以不同形式在中世纪再现，通过炼金术，在文艺复兴时期又一次出现。当代心理治疗师、作家托马斯·摩尔（Thomas Moore）也从研究行星中找到自己对心灵的见解。摩尔从文艺复兴时期的学者马尔西利奥·费奇诺（Marsilio Ficino）那里获得灵感，引用了他给伟大的洛伦佐（Lorenzo the Magnificent）的信："整个天空都存在于我们内在，它有火一样的力量和神圣的起源：象征心魂与身体持续运动的月亮，快速的火星，缓慢的土星，神一般的太阳，有序的木星，理性的水星，以及仁慈的金星。"①

看到斯坦纳描写人类再次投胎时，我想起了柏拉图的《理想国》（*Republic*），在第十卷苏格拉底讲述的"厄洛斯神话"（The Myth of Eros）中，格外详尽地描绘了人类准备投胎的画面。士兵厄洛斯表面上已经死于战争，但当十二天后他的尸体准备火葬时，却显示出他还活着。事实上，他在一个死亡的世界里清醒过来，观察着两个世界间灵魂的通道。为了让他作为一个信使再次回来，告诉地球上的人他所见证的一切，他免于死亡。

他描述他看着刚刚离开地球死去的人和即将成为地球新生命的灵魂，因前世的作为，经过一千年的灵性惩罚和（或）祝福后再次来到地球。他们从四面八方聚集在一片广阔的草地上，准备再次回到地球的灵魂在这里要挑选很多东西，来决定所选择的未来生活以怎样的顺序进行。这

---

① 摩尔，《内在行星》（*The Planets Within*）。

里有各类生活境况的样本：贫穷、富有、声望、美丽、暴虐、聪明、迟钝、健康、疾病、强壮及虚弱。每种可能都在那里，灵魂们做出明智或愚蠢的选择，这些都基于他们在两世生命之间的漫长岁月中灵性学习的深度。当每一个灵魂经过必然宝座（the Throne of Necessity）那旋转行星天体的纺锤时，命运的选择就确定了。这与上述讨论的经典行星一致：月亮、水星、金星、太阳、火星、木星和土星。离开的灵魂遇到“命运”三女神（她们是“必然”女神（Necessity）的女儿）：歌颂过去的拉赫西斯（Lachesis），认可现在所选择命运的克洛索（Clotho），以及纺织不可逆转未来尘世之线的阿特洛泊斯（Atropos）。从这里，灵魂继续走向忘记之河（the River of Forgetfulness），啜饮或豪饮，然后他们就像流星一般，被投射到地球成为新的生命。[①]

稍后我将会提到行星对发展阶段的影响，在此之前我想分享一首罗伯特·弗罗斯特（Robert Frost）被公认为相当忧郁的一节诗，来回应柏拉图之谜。诗歌名为《生存的考验》（*The Trial of Existence*），它提到灵魂在出生前做的选择，以及尽管被忘却，但命中注定要有的艰苦挣扎：

这是生命的本质，
尽管我们做了极好的选择，
却仍缺乏持久清晰的记忆。
生活将我们彻底摧毁，
除我们的选择外别无他物；
因此我们完全褪去骄傲，
在痛苦中仅有一种结局，

① 柏拉图，《理想国》。

紧紧拥抱它，并充满困惑。[①]

图表 5　行星旅程对发展阶段的影响

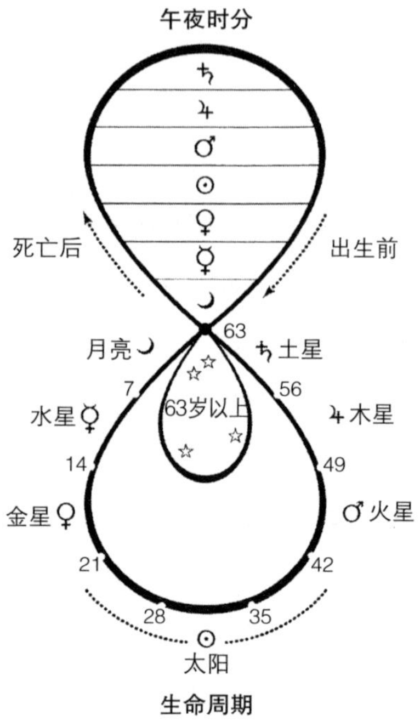

当我们的灵自我经过行星领域时，死亡和再生之间决定的意图构建了一幅画面。首先我们不得不放弃前一世的经验，在这个过程中，遇见我们的作为对他人造成的影响，下定决心想要赎罪，未来继续成长为更伟大、更完整的人。然后在重返地球的路上，我们再次经过这些行星天体。形象地说，我们遇见的灵性存在们为我们的未来生活送上“祝福和衣服”（blessed and dressed）[②]。他们赋予我们挑战和机遇，以及在不同人生阶段展现出的心魂品质和影响力。他们的影响都会在我们全部的生命

① 弗罗斯特，《罗伯特·佛罗斯特诗歌：诗集》，第 19 页。

② 我很感激玛利亚·德扎娃（Maria DeZwaan）在谈话中给出的这幅画面。

历程中发挥作用，每一个行星领域也与每个特定生命阶段有着特殊关系：月亮——出生至 7 岁，水星——7 岁至 14 岁，金星——14 至 21 岁，太阳——21 至 42 岁，火星——42 至 49 岁，木星——49 至 56 岁，土星——56 至 63 岁。

我想强调的是，从一个阶段向另一个阶段的过渡并非就发生在了七年的“那个点上”。它是一个循序渐进的过程，但是我们还是可以感觉到已经向前迈进了，而在我们与世界、他人和自己的关系中，有些事情已经改变了。七年的这道门槛表明的不仅是个体性的开始与结束，有些普世性的规律会展现在成长和转变的姿态中。如果我们只看事件，就会因为文化偏见而对很多现象不予理会；但是如果可以去探求事件背后的内在转化、生命提示、明显的障碍以及视野的转变，那么我们就可以逐渐地用全面而又独特的方式来欣赏每一个个体生命。

多年来我教过的学生来自各大洲（当然南极洲除外，但我还真与南极洲有关系，因为我的父亲是一名南极探险家！）。我也在中国、泰国、澳大利亚、新西兰、墨西哥、巴西、加拿大、英国、挪威、瑞典以及美国各地做过讲座和工作坊。来自截然不同的社会背景、种族和生活环境的人一次又一次地让我再次肯定了生命阶段的基本结构。如同气质类型一样，可以说，没有谁会经历每一个阶段的全部过程，但在极其多样的生命旅程所展现出的七年周期里，似乎有些普遍真理在发挥作用。

这将是我们在下文探索的内容。

第5章

漫长春季：从出生至21岁

当我们进入儿童发展的世界，你是否可以想象一个新生儿？他全身蜷缩在一起，轻柔地睡着，显然很脆弱，但你是否也感受到一个婴儿的存在弥漫在整个房间呢？当凝视一个小孩子时，很容易让人想起华兹华斯（Wordsworth）那著名的诗句，“拖曳着荣耀的云霞”（trailing clouds of glory）。在我们面前的是一个奇迹，亦是一种神秘。这娇小又有力的存在是谁？他或她的人生携带着什么而来，需要怎样的呵护才能让这独特个体的人生目的在地球上结出果实？

回看自己的人生，问些这样的问题会非常有趣：你出生在一个什么样的世界里？谁在那里迎接你，你感觉被欢迎了吗？那一天有什么新闻，甚至天气怎样？哪种母语开始塑造你的语言觉？什么样的社会环境和地理状况让你开始熟悉这地球上的生活？

或者回溯得再远一些，你出生时的真实状况是怎样的？出生的过程很长、很慢或是引产？可能你没有经过产道挤压，而是经由剖腹产出生，或者你一定要脚先伸出来？你是正好在预产期出生，还是提前又或者推迟了几周？如果了解些许关于自己出生时的状况，先别急着去解读，你能否在人生中其他跨越门槛的关键时刻里，找到与你出生时相呼应的姿态？

这里，我可以举自己的出生故事为例。我是在紧急状况下出生的，因为母亲怀我八个多月时子宫破裂。通常这种情况发生时，大部分婴儿都会死亡；但母亲当时正在医院产检，于是医生马上做了紧急剖腹产手术。尽管母亲几周都重病在床，但是我一出生就一切安好。一生中，我都渴望温和、平静地度过生命中的关键时刻；但事实上，我所有的转变通常都要经历突然、严重的危机。在大部分情况下，我都能平安度过，即便在这些过程中，有时我也不幸地引起了一些混乱。最近的一次例子是，我和先生准备搬离居住了二十多年的房子。就在搬家公司到来的前几天，我们俩双双住进医院，克里斯被诊断为双侧肺炎，而我则失声。三天后我在重症监护室醒来，发现自己需要使用呼吸机。几天之内我就康复了。我没有参与搬家，子女的生活因为这突如其来的打包、清洁、照料和焦虑而搞得一团糟。我们很难不去注意到这里面的模式。

现在回到我之前谈到的问题：年幼孩子的人生需要怎样的一个健康开端？之所以这么问，是因为我非常清楚，只有少数孩子出生在理想的环境中。尽管父母有责任竭尽所能满足孩子的真正需要，但如果只是批判地回顾自己的童年，或者我们之前对孩子的养育，那是完全没有意义的。我们越是关注希望发生、但却没有发生的事情，就越会落入“受害者思维”中。相反，如果能够真正领会这种理想状况，我们就可以逐渐认识和接受，它的缺失不仅带来了挑战和障碍，同时也是为我们今后人生的自主发展创造成因和机遇。

出生至 7 岁

只要仔细观察年幼的孩子，就能看出他们以何等程度通过模仿和榜样来学习。如同月亮反射太阳的光芒，孩子也映射着他们周围的世界。他们如镜子般反映着看到和听到的一切——语言、态度、行为、互动以及表达情感的方式。当父母发现这一点时，常常会痛苦地意识到自己的问题。例如，他们听到孩子在玩过家家或跟娃娃讲话时，使用严厉或抱怨的语气；或者当孩子把猫从椅子上推下去，或叹气、跺脚进行对抗时，他们看到了夸张版的自己；更有趣的是，当小宝宝从紧闭的嘴唇中伸出舌头，这也正是爸爸给她换尿片时，脸上无意识出现的专注表情，我们看到这样的场景都会忍不住笑出来。孩子们就是这样，不带任何直接意图地全然吸收，被周围人的行为榜样所塑造。

最近读到周日报纸的一个专栏，有个关于儿童模仿力的清晰画面，让我咯咯地笑个不停："我经历过这样一个阶段——大概六七岁时——放学回到家，我跑上楼梯、关上房门。我穿上爸爸的夹克衫——我喜欢灰色细条纹的那件——在我的朝天鼻上扶正他的眼镜，穿着他的正装皮鞋，大摇大摆地走来走去。然后我收拾桌子上的一叠报纸。心血来潮时，我还会假装读读《华尔街时报》。如果这时候妈妈来看我在做什么，我会喊道：'妈妈，现在不要！我在工作呢！'"[①]

当你思考自己的生命初期，甚至回想一些从童年带来的习惯，能否找到在哪些方面你表现出模仿的行为？很多家长，在谴责孩子的那一刻，突然听到自己母亲或父亲的声音，这让他们震惊不已。那语气是从哪儿来的？而且它是怎样"埋伏"在那里等待了这么多年？

这里有些重要的问题，与儿童一起生活或工作的人需要经常提醒自己：孩子所处的环境——不仅包括物质环境，还包括社会环境——值得模

---

① 克里斯汀娜·阿尔杰（Christina Alger），《记忆的办公室》（*Memory's Office*），《纽约时报》，2012 年 4 月 29 日。

仿吗？孩子是否能体验到这个世界的美好？当你还是孩子的时候，是否有过这样的体验？年幼的孩子就如同开放的感觉器官，未经保护与过滤，全然地吸收来自外部世界的全部印象。他们幼小的身体、感官、大脑都是在生命早期形成的，而且这个形塑过程强烈地受到日常生活经验的影响。

有一个孩子每日向前走；
他会成为他看到的第一个东西；
并且在当天，或当天的某个时候，或许多年里，或持续很多时代，
那个对象也成为他的一部分。

早开的丁香曾成为这个孩子的一部分，
青草、红的白的牵牛花、红的白的三叶草，鹟鸟的歌声……

他自己的父母，
那个作他父亲的男人，和在子宫里孕育并生产了他的女人，
他们从自己身上给予这孩子的还不止此；
他们后来还每天都在给予——他们成了他的一部分……

那种殴打，急促而响亮的言谈，苛刻的讨价还价，耍手腕的本领，
那些家庭习惯，语言，交往，家具——那渴望和兴奋的情绪，
那无法否认的慈爱——那种真实感——那种唯恐最后成为泡影的忧虑，
那些白天黑夜的怀疑——那些奇怪的猜测和设想，
猜测那现象是否属实，抑或只是闪光和微尘？

那些大街上熙熙攘攘的男女——他们不是闪光和微尘又是什么？
那些大街本身和房子的门面，以及橱窗里的货样，
那些车辆和畜力车队，铺着厚木板的码头——规模宏大的渡口，
日落时远远看到高地上的村庄，中间的河流……

地平线的边缘，飞翔的海鸥，盐沼和海岸泥土的馥郁，
这些都变成那个孩子的一部分，那个每日向前走的孩子，
他正走着，他将永远每日向前走去。

——沃尔特·惠特曼，《草叶集》

当我第一次读到鲁道夫·斯坦纳关于儿童早期发展的那些洞见时，他的主张深深地打动了我。他认为孩子正在发育的器官，甚至大脑生理机能，都会受周围各种感官刺激的影响。自斯坦纳的时代开始，这点已经得到充分的研究和验证。斯坦纳指出，我们需要保护孩子，使之免受过度的感官轰炸，温和地欢迎他们来到地球上；最重要的是，迎接他们的应是人类温暖的呵护。但是，我很难过地看到这个研究已经被严重扭曲，导致市场大量销售各种具有感官刺激的产品；更令人沮丧的是，这种方式竟然被称为“寓教于乐”（edutainment），而这个词在我看来简直就是一种语言冒犯。这些东西以各种电子玩具、DVD、CD和闪卡的形式出现，甚至还有胎教用的外语学习或音乐欣赏节目。我们的文化以竞争和物质主义为导向，更是极力宣扬从头部开始的智性学习或者养育天才，仿佛这就是最有利于孩子的方式。

但事实并非如此，相反，这种早期过度刺激使得健康地唤醒感觉变得愈发困难，这远远超过了孩子所能承受的。当然，有些孩子被剥夺了必要的人类接触以及健康的榜样，那么这种忽视必须引起重视。但是解

决这种缺失的途径绝不是闪亮的铃铛和哨子。当今世界提供了太多的压力：持续不断的噪音，刺眼的灯光和无尽的匆忙，除非我们能注意到它们，并创造出其他的事物，否则它们将填满了我们的生活。此外还有各种各样的人工感官诱惑物——调味剂、空气清新剂、合成音乐、会说话的娃娃，还有各种可使用的屏幕，无论是电视机、计算机抑或手机的儿童应用程序。孩子真正需要的是来自人与人的温暖，以及成人热爱生活、学习、与人相处并关怀他人的榜样；然而生活中各种虚拟和抽象的现象却比比皆是。

在很多方面，我们先进的科技时代都不太适合儿童。孩子与人的接触之间存在太多的商业设备：显示屏、点击的机械摆动、电子游戏、会说话的娃娃、电视机保姆，这里提到的还只是最显而易见的。当我说这些时，更多的是悲伤，而不是评判。在时间尤其宝贵的今天，想要拒绝最新的小发明或节约时间的小工具是很难的。实际上，数以百万计的金钱都花在设计出用最炫的方式来抓住、俘获和夺得儿童的注意，而后是父母的钱包。

坦诚地说，我心爱的孙子孙女生活在离我和先生几千英里以外的毛伊岛（Maui）。尽管我们相信居住在那里是他们所需要的，但我们特别想念他们，虽然我们都不看电视，但还是想办法使用Skype（一种网络电话）来定期保持联系。当两岁的孙女第一次在电脑屏幕上看到我们时，我们能够清楚地看到她脸上那说不出的困惑：爷爷奶奶怎么会钻进那里？最后，她靠近屏幕开始和我们窃窃私语，好像要偷偷地避开我们被装进盒子里的奇怪方式。现在孩子们大了，我们都习惯了这种沟通方式，同时我们尽量用故事、歌曲和游戏来活跃气氛。然而，我经常感觉到，当说再见时，我们都奇怪地觉得更加失去了连接。我逐渐觉得这种在Skype上探望孩子的体验就好像吃快餐一样——我们确实吃了，但没有真正的营养。

三个伟大成就

除了通过模仿来学习，在 3 岁之前通常还会完成三个核心的人类成就，并且每个孩子都用自己独特的方式来获得。作为父母，我们可以观察孩子如何通过这些原型的里程碑时刻，来更多地了解孩子的个性。我们必须依靠那些记得我们童年故事的人，来帮助我们回看自己。有没有一些故事是关于你如何面对这些挑战，或者还有没有什么人能够给你讲述其他事情？如果有，你是否在这些故事里看到如今存在模式的开端？

第 1 步：儿童大概在 1 岁左右站立并开始走路。这种直立的成就让父母和孩子都兴奋不已。这就好像有一种无法抗拒的力量将孩子向上拉起来。一旦这种直立的力量开始向上拉，就没有任何东西能够把她拉下来。她一次又一次地跌倒，但仍然要继续尝试。对我而言，这不屈不挠的动力是对人类精神最完美的比喻，尽管人生中有不可避免的挫折，我们仍然不断地努力找到前方的道路。实际上，这个图景可以支撑我们度过艰难的人生挑战。

有些孩子站立得非常早，甚至会是在他们的腿还不够强壮去支撑他们的体重之前，比如我儿子就是这样，那么成人后他们的腿可能会有点弯曲。有些孩子却开心地坐着，等候时机的到来。这样的孩子在没准备好之前绝不起身；但是一旦掌握了直立的能力，就没人能够让他再坐下来。

走路的方式也非常个性化。我的女儿卡琳（Karin）学会站立好多个月之后，并且也能够轻易地沿着矮桌或拉着我们的手走路了，但她坚决不放开我们的手自己走，一步也不走。后来在她十五个月的时候，在坐了很多人的大房间里，她从坐姿状态站了起来，朝房间另一边走了十六步。她面带幸福的微笑环顾四周，然后又谨慎地坐回地上。幸运的是，当时我在场，惊叹地注视着这一切，想知道她是什么时候练习走路的，因为我每天都跟她在一起！当然，从此以后她便开始走路了，用一种学步儿那美好、被天使护佑的方式。万有引力定律应该把他们直直地向下拉，但是他们却被一种更伟大的意志所支撑着。

我想要用卡琳走路的例子来说明，这些早期成就是如何预示着将来的行为模式的，即便当时我们并没觉察到。几年以后，卡琳 5 岁时，我们生活在荷兰，她准备去当地的一所幼儿园。在家时，我们努力鼓励她说些简单的荷兰短语，并用英语为她讲述学校里听到的童话故事，但她坚决拒绝同任何人讲荷兰语。她的老师告诉我们，她在学校玩得很开心，轻柔地用英语自言自语。然而六周后，当我去接她时，老师在门口兴奋地对我说："她可以讲流利的荷兰语了！她今天一来就开始讲，并且一上午都没停下来！"突然，我想起了她开始学走路的方式，记忆里涌出了很多类似的情况——只要没有完全掌握的事情，她就会倔强地拒绝。现在我清楚了，这种在没有具备一定能力之前所表现出的不情愿，是她本质的一部分。她需要用自己的时间和自己的方式来掌握事情——一旦学会便绝不犹豫！这么多年来，只要想起这一点，我就能比较好地控制自己的挫败感，并努力寻找温柔、间接的方法来引导她获得新的能力。

第 2 步：下一个伟大的成就是语言的奇迹，大部分孩子在 2 岁或 3 岁时实现。起初婴儿将他们听到的声音，如轻言细语、成人的呼唤、小猫的喵喵声或者转动的卡车声，含糊不清地发出来。然后这种牙牙学语开始模仿人类的语言模式和节奏，后来发展成句型变化、问题以及感叹。因此对孩子最有帮助的是去听真实、美妙的语言，包括歌曲和童谣。父母语调中简单的节奏和旋律蕴含着温暖，环绕着孩子。无论是儿语还是机械言语都无法真正服务于孩子语言的形成。即使在说话之前，很明显孩子通过行为可以理解更多的词语。如果爸爸或者妈妈环顾四周说："球在哪？"即便一个正在爬行的小宝宝也很有可能急忙爬到椅子后面，而那里正是球滚去的地方。

从孩子的牙牙学语中逐渐开始出现了可以辨识的声音。孩子可以表达和交换意图，并且开始创造性地使用语言，通常他们会用生动的比喻来表达复杂的概念。小孩子不会担心他们不知道某个东西用什么词语。相反，他们会扩展所知道单词的普通含义，来满足他们的需要。当在家附近散步时，我经常想起，4 岁的孙子从布鲁克林（Brooklyn）来探望，当他与父亲路过墓地时，他快乐地说："看，爸爸，一座小城！"

第 3 步：随着话语越来越多，"那是什么？"这样的问题开始出现了；没过多久，又会问"为什么？"鲁道夫·斯坦纳在他关于人类自由的基础著作《作为灵性道路的直觉思维：自由的哲学》（*Intuitive Thinking as a Spiritual Path*：*A Philosophy of Freedom*）中谈到，人类的根本愿望就是渴望去了解，它的初级形式在小孩子身上非常明显。有时，通过孩子的面部表情，我们能看到他的思想连接正在形成，就像前面提到过的我跟孙女视频聊天，她那充满困惑的凝视。思考来自于运动和语言，而不是通过直接的指令。在这个年龄，我们并不是通过智性教育来学会思考，而是因为我们深深地想要理解这个正在感知的世界。

当孩子们开始说"我"这个词的时候，我们可以明确地知道，他们已经开始自己思考。这通常是在 3 岁左右，也是在孩子发现了"不"字的魔力之后。这种否定预示着他的内在开始体验二元对立（dualism），一种关于自我和他人的感觉；这个自我现在有力量说"不"了。所有这些在幼年的孩子身上只是刚刚开始，但有一点应该清楚的是，"我"这个词是无法在意义上被模仿的。在此之前，孩子都会用“杰克”来指他自己，或叫她自己“安妮”，因为这是她听到别人对她的称呼。但是有一天，通过自己的思考，他们知道了叫自己“我”。这通常是儿童发展中辉煌的时刻。我们的女儿在房间里，边跑边用手指着自己，大声喊“我”，并用手指向我们，说“你们”。

在会说“我”之前很难有持久的记忆，因为正是这种自我觉（sense of self）才给记忆打下基础。儿童早期所体验到的是，他们与周围世界浑然一体。找一些早期记忆里可被称为“我 – 知道”的时刻是很有趣的。孩子在这之前更普遍的是参与式的意识，当他走出这种状态，即是自我意识的时刻。一个朋友曾向我描述过在一次紧急情况下，她的母亲把年幼的弟弟塞进她的怀里说：“照顾这个宝宝。”那是她第一次清楚地意识到，她和那个婴儿不是一体的。

因为当还是孩子的时候，我们完全生活在感官体验中，早期的记忆大部分都以感觉为基础：一条特殊毛毯的手感，门猛然关上的声音，或者奶奶家厨房的味道。你自己最初的记忆是些什么呢？

从周围的世界分离，形成自我的感觉，这在整个童年里是一个逐渐的过程。托尔斯泰惊讶地描述过自然界在他早期记忆中的缺乏：“在我 5 岁之前，自然对我来说根本不存在……大人们本应该让我玩花、玩树叶，他们却偏偏为我遮住太阳；而直到五六岁，我对于被称为自然的这个东西，没有一丝一毫的记忆。可能一个人会为了想见她而先远离她，所以我就是自然。”[①]

① 托尔斯泰，《列夫・托尔斯泰 20 篇最伟大的短篇故事注释》（*Leo Tolstoy's 20 Greatest Short Stories Annotated*），第 18 页。

前文提到过儿童是如何开始提问的，而且这是人类非常重要的一项活动。这类问题很快就超出了识物和命名，明显表现出坚持不懈地渴望去了解。你是否还记得自己年幼时脑海里冒出的问题？你是否努力想要解决问题？或者是否从他人那里获得过有帮助的答案？成人遇到孩子诚恳的提问时，通常都急于给出智性或抽象的回答。但是年幼的孩子并非想要寻找冗长、科学的解释，他们正努力地想要在地球上找寻方向。通常最好的回答就是问孩子："那你是怎么想的？"他们将帮助我们看到在什么样的情境下他们问出这样的问题。我经常会想起一个故事，5岁的孩子问她妈妈："我们从哪里来？"她紧张地想怎样解释婴儿是如何孕育的，但孩子很快打断了她，简单地说："嗯，我的朋友索菲从波士顿来。"

我的一位学生曾经给我讲了一个令人惊叹的故事，她了解到如何给幼儿适合他们年龄的解释。她的丈夫刚刚过世，她想帮助两个孩子（3岁和6岁）理解这件事。她给了孩子们每人一个蝴蝶盒子，让他们观察从毛毛虫到蝴蝶的转变过程，提到灵魂正在经历转变。几天后当孩子们把蝴蝶放飞到花园时，她想看看孩子们是否理解了这个比喻。姐姐的回答很完美，"是的，爸爸的灵魂现在在另外一种形式里。"妈妈对她这样的理解感到很满意，然后转过身问弟弟是否知道爸爸去哪儿了。"是的，"他说，"爸爸现在是一只虫子。"

关于问题的另一个角度，是成年人对孩子的提问。在这个想要公平、包容、非独裁的时代，我们问了年幼孩子太多问题：今天你想穿什么？吃什么？今天下午我们做什么？你是不是生气了？等等。尽管这些问题可能在某种特定场合下是有效的，但是不断引导孩子做决定，实际上对他们来说是一种负担；而更重要的是，这会刺激孩子的智性和以自我为中心，只会给将来创造困难。我们都曾经见过小孩子经过一连串的选择时变得混乱，最终大发脾气，甚至我们自己都还记得自己曾经是那个孩子。两三岁或者 4 岁的孩子所需要的是在成人温和的监护下感到安全。孩子真的想知道家长是可以掌控某些事情的，早期给予孩子爱的指引是对他们成年后能够清晰做出决定的最好支持。

渐渐地，幼儿可以更好地控制身体和四肢，更有能力与他人交流。此时玩耍就成为儿童发展过程中一个重要的部分。尤其是 4 岁以后，孩子会自然地跟周围的世界玩耍。在理想状况下，他们不应该很长时间地待在书桌前，或沉迷于那小小的电子游戏，或数小时坐在电视、DVD 前。真正的玩耍对幼儿来说是意志活动，当全身能参与进来时，那便是最有益的。孩子天生喜欢跑跑跳跳、荡秋千。儿童运动身体，探索环境，为自己创造空间和活动，这些都为日后积极、健康的生活奠定一份坚实的基础。同时，他们去发现和想象，探索并预计结果，他们学会信任自己的感觉，并且在自信中成长。

孩子需要自由玩耍的时间。你是否还记得自己小时候有可以自由玩耍的时间和空间？父母或者照顾孩子的人不需要安排孩子醒着的每时每刻，也不必要总是监控孩子的玩耍。孩子需要一个安全、吸引人的环境，当然也需要一个值得模仿的世界；但是他们也需要被允许创造自己的游戏。成人可以帮助孩子在他们的自主玩耍中获得一些简单的物件，例如彩色布块、可以用来打结的绳子、鹅卵石和贝壳、不同尺寸的木板或者原木、纸和蜡笔，想象力可以将它们变成需要成为的东西，每一天对于孩子来说都是全新的。这是一个想象力游戏的时期，想象力和幻想是构建未来创造性思考的基础。你还记得曾生活在自己创造的世界中吗？在那里娃娃会讲话、在那里你是一位无所不能的探险家或是一位勇敢的公主。

华德福的布娃娃只有简单的脸部，因此孩子能够在上面看到每一种表情，而非一种固定的塑料微笑。著名的教育心理学家简·希里（Jane Healy）曾说过，好玩具应该是百分之十玩具，百分之九十孩子。[①]令人感到悲哀的是，电子、电池以及很多名牌或者单一目的的玩具都颠倒了这个比例；因此，孩子们变得依赖于一个能“做点什么”的玩具，或只是娱乐而不是热切地参与到自发玩耍中，就不足为奇了。

我已提到过关于孩子幼年时看电视的问题。美国儿科医学会（American Academy of Pediatrics）多年来一直建议，两岁以下的幼儿不应该看电视。但是我们都知道电视以及其他屏幕活动，例如在家里、医院候诊室、机场，甚至出租车上，都已成为常规。对于电视与孩子，单从电视节目的低质量就有大量内容可说，还有广告、暴力、性别刻板印象，甚至肥胖对孩子所造成的影响；但我最关心的是电视将如何影响孩子的图景建构，这是人类与生俱来的权利。孩子在幼年时期通过回应故事、游戏或问题而建构内在图景时，这种能力才受到激发。当电视上的图片已经具体呈现了故事，就没有任何刺激去唤醒他自己的内在图景，一切都是现成的，那么孩子发育中的大脑更多地只是处于接收状态，而非主动。

很多成人都有这样的经历，读完一部小说，然后去看由它改编的电影：看电影的整个过程，关于剧中角色的长相、说话或着装方式，或者这个小屋应该什么样的，或者某段特别的对话应如何演出来，我们都在心里与导演进行着斗争，这正是因为在读故事的过程中我们已经形成了自己的图景。事实上，我知道很多人正是出于这个原因而不愿意去看由小

---

① 我在一次研讨会上听到这句话，简·希里博士是下列关于儿童及大脑发展书籍的作者，例如：《儿童成长的智性》（1986）（*Your Child's Growing Mind*），《危险中的智性》（1991）（*Endangered Minds*），以及《连接失败》（1999）（*Failure to Connect*）。

说改编的电影。但是如果我们看过电影后再去看书，是不可能不将银幕上看到的画面想象到故事中的。儿童在幼年时期没有任何过滤可以保护他们免于受到屏幕内容所带来的影响；更重要的是，在受到这些现成内容破坏之前，他们需要时间来唤醒自己那无边的想象力。

练习：幼年时期

回忆一个你五六岁时感觉安全、快乐的地方。描述出它所有的外部细节，觉察自己任何的感觉记忆，仿佛从外面观察自己。是什么让这个地方变得对你来说很特别？你在那里做了些什么？

在儿童健康发展被扼杀了的今天，华德福幼儿园越来越被看成是一剂解药，在这里，孩子们进行原型人类活动，例如扫地板、锯木头、切蔬菜、搅拌汤、揉面包、搭帐篷或者洗盘子，孩子们体验到这些有意义、服务他人的行为。可能有人主张，坐在计算机前动一根手指便是最接近人类的原型活动。对于我们身体具有灵活性的奇迹，那将是一个令人悲哀的后果。那对于我们的内在灵活性影响可能更深，因为例如与风赛跑、攀越障碍、种植花园、组织娃娃茶会或是在小河里放核桃小船，这些活动极大培养了我们的内在灵活性。可能在计算机前孩子觉得他能征服世界，但实际上并没有付出真正的努力，也没有遇到真正的阻力。年幼的孩子需要遇到阻力，并且在身体上积极参与，从而用一种健康的方式来发展意志。

出生顺序与家庭生活

在继续谈下一个童年阶段之前，我想先转换话题，说一下出生顺序的问题。作为家庭社会化中的一个因素，我们在兄弟姐妹中的排行或作为独生子女的地位，是正在呈现中个性之谜的又一部分。如同性别一样，这是我们出生前意图的另一个方面，并且，它提供了特定的生命经历和社会学习。

我在卡尔·科尼克[①]的书中发现了一个有用的模型，去看排行第一、第二和第三的重复模式。这意味着第四个出生的孩子就像温和版的老大，第五个像另一个老二，第六个像又一个老三，以此类推。出生顺序在生命中并不是巨大的决定因素，但它确实能塑造我们早期的社会经验，并影响我们在日后人生中的交往方式。

不论是好是坏，第一个出生的孩子都成为家庭关注的中心以及父母学习养育的焦点。每一件事情都是父母第一次做，排行第一的孩子也只有成人作为榜样。这促成了他们以成人世界为导向。第一个孩子想要取悦父母，往往比较严肃，并且对周围的世界更有意识。随着年龄增长，他们可能感受到对家庭的责任感，也感受到父母的需求和价值观的重量，即便他们第一个面对家庭规则的重重限制。这会带来一种张力：他们等不及要自由，要长大，然而又感到对维持家庭现状负有责任。当他们真的叛逆时，经常兴师动众，几乎将其变成独立宣言。如果更多的弟妹出生，第一个孩子通常扮演着父母和其他孩子之间的桥梁，或许相当专横霸道。老大通常有抱负，一丝不苟，也倾向于比后面的孩子保守，有数据表明，他们日后多数成为法官、律师及旧有事物的捍卫者。

第二个孩子出生在一个较为忙碌的家庭中，通常结果就是他们不太受父母的关注和重视。他们或许觉得第二最好，或许最后成为中间那个，但他们普遍不太在乎家庭规则，甚至纳闷为什么老大要如此兴师动众地

---

① 科尼克，《兄弟与姐妹》（*Brothers and Sisters*）。

反抗。我儿子看着他姐姐争取独立时曾问道："为什么她这么小题大做？等青春期时我就不会这么做。"我抵制住了要他用血书写下来的冲动，而是观察在接下来的几年里，他如何悄悄地规避挡住道路的任何规则。第二个孩子通常更随和，没那么奋发努力；他们给家庭带来幽默，并对社区相当感兴趣。他们享受当下，也想要与世界和谐相处。然而他们也可能具有实验和开创精神。弗兰克·苏洛维（Frank Sulloway）在关于出生顺序的书《天生叛逆》（*Born to Rebel*）中提到，排行第二和后面出生的人通常会为科学、政治或者宗教领域带来革命性思想，或者至少也是激进创新的支持者。他解释说，比较保守的哥哥姐姐在家中永远"第一"，他自身的地位永远无法被超越；但老二非常精通于去规避与兄姐的常规竞争。①

第三个出生的孩子来到了两个哥哥姐姐已经形成一定关系的世界里。有些老三获得的关注较少；一些则被当成"小宝宝"来对待——既特别又骄纵。相对于哥哥姐姐已经形成一种合作关系并且知道如何做事情，老三经常感觉像一个被排斥的外人，他们渴望找到自己的位置，被接纳，但是又不确定哥哥姐姐是否能够被信任。这种体验可能是孤独的，但也培养了独立和创意。老三一般敏感、有创造力、内向，而且往往非常有趣。他们表现出一种娇弱与强大的奇怪混合。科尼克表明，他们有面向未来的愿景，比例上更多的艺术家、圣人和英雄是排行在这个位置的。

如上所述，在子女较多的家庭中，这种"三"的模式会重复。有意思的是，通常第一个和第四个孩子会具有特殊的关系，或者第二个和第五个，以此类推。尤其是在我们这个时代，家庭越来越小，独生子女是格外值得注意的：这第一个孩子，始终是关注的焦点，并承载着父母全

① 苏洛维，《天生叛逆》。

部的希望与梦想。即便他们可能也很看重与另一个大家庭的友谊，在那里可以观察别人如何产生连接，但大部分独生子女都相当以成人为导向。他们通常失去与另一个孩子分享家庭经历和记忆的机会。反思这些问题会很有意思：不断增多的独生子女如何影响整个社会中个性的表现，或者是在班级、婚姻或一群同事中的表现。中国现在逐渐放宽了独生子女政策——但是记住，通常独生子女是被两位父母和四位祖父母溺爱的——在某种程度上，是因为承认整个“小皇帝”这代人已经创造了始料不及的社会/关系挑战。

显而易见，很多因素弱化了之前关于出生顺序的概括。性别是一个重要因素，尤其是父母对于男孩或者女孩的态度，作为姐姐或是有个姐姐，与作为哥哥或是有个哥哥是不一样的。两三个姐妹与两三个兄弟形成完全不同的家庭排列。兄弟姐妹之间的年龄差也很重要：如果年龄相差六七岁以上，从某种程度上来说，你就是在面对一连串的独生子女。如果一个孩子夭折了，那么他/她在家庭成员意识中的存在也将影响其他孩子的社会发展。当然，如今离婚与再婚变得普遍起来，出现了许多组合家庭，新的成人关系突然将孩子抛置于完全不同的家庭系统排列中。要记住很重要的一件事，例如，因为继兄姐的到来，一个原本排行老大的孩子将遭受自己的位置被取而代之的痛苦。出生顺序绝不是影响人格发展的最重要因素，但它确实在我们对他人的行为以及对自己的感受方面发挥着作用。

童年时期，家庭生活通常是我们适应社会过程中的一股强大力量。正是在家庭中，我们第一次经验到关爱、界限、庆祝、分享、愤怒、原谅、幸福，甚至悲伤。家庭节奏和纪律习惯为日后的自律奠定基础。与父母和兄弟姐妹在一起，我们学会了连接、分歧、忠诚，更重要的还有爱。今时并不存在完美家庭；但让人开心的是，我们的时代对于家庭系统排列呈现出美妙的多样性非常友善，例如核心、单亲、同性、组合、扩展以及自主家庭。

家庭成员都走在共同成长的道路上，我们将彼此承载于生命之中——这里指“生命”（life）这个词包含的全部意义。父母为孩子带来生命，同时孩子召唤出父母内在未诞生的品质。正如我们用许多不同的方式一直彼此承载，这种相互“助产”会持续一生。我们需要彼此，因为我们常常需要努力找到自己的方位。而且在大多数情况下，家庭成员恰好可以互相忍受！当看到别人家孩子的某些行为时，我们当中谁没曾想过，“如果我的孩子那样，我肯定受不了”？正是在家庭中，连同他们所有的优点与缺点，我们第一次开始发现，在这世间生而为人究竟意味着什么。

7 岁至 14 岁

就在童年早期接近尾声之际，发生了一件非同寻常的事情：孩子的乳牙开始脱落。随着物质身体中最坚硬的部分逐渐由恒牙取代，我们能够经验到，孩子从父母那里遗传得来的物质身体，现在已经全部被他们自己的生长力量重新作用了一遍。鲁道夫・斯坦纳指出，换牙象征着孩子以太体或者生命体的诞生，这也表明新的成长阶段和学习方式的开始。你当然可以观察一下孩子的面孔发生了怎样的变化，尤其是下巴，因为原来那二十颗乳牙最终让出位置给三十二颗新的恒牙，它们各自对齐、排列。随着这个变化的发生，日渐清晰的是，这个年龄的孩子正如何步入一种与他们自己和与周围世界的全新关系当中。

对孩子来说，世界开始向外扩展；他们认真地去上小学，冒险也在呼唤着他们。与生命初期相比，我们成人通常对这个生命的水星阶段有更多记忆。你还能回忆起去上学的情形吗？你的朋友是谁？你怎么庆祝生日？你还记得怎么玩耍吗？你最喜欢的游戏是什么？“自由”时间你选择做什么？你还记得父母在那些年里是怎样的？

童年中期的这些年里，家庭和学校的日常习惯和节奏正逐渐影响着孩子韵律系统（rhythmic system）的发展。自出生起，孩子经验关于用餐时间、入睡习惯以及家庭传统中的所有规矩，把秩序（或混乱）带入每日、每周和每年的生活。今天变得愈发重要的，是去关注日常生活节奏如何影响心、肺的健康合作。现代生活中存在太多混乱，孩子们需要有节奏的生活——但并不是固化、不灵活的例行常规——因为他们正在建构自己的韵律系统和自己的生活习惯。

鲁道夫·斯坦纳建议老师在这些年里应该教孩子去呼吸。他的意思并不是介绍瑜伽练习或是其他有意识的呼吸练习，而是在一天的活动中应该具有健康、有节奏的呼吸——有收缩和扩张、内在和外在的时间，严肃和乐趣的体验，平静和活力。这种活动，既有与他人一道，也在自己内在，建构起健康和心魂灵活性，并且培养出对学习的热爱。可悲的是，太多孩子花费大量时间坐在书桌或屏幕前，他们的身体和心灵通常更受限而非伸展，更迟钝而非活跃。

退缩回自己的内在与伸展到外在世界，这种相互影响的记忆你是否能从童年中找到？我还清晰地记得初中毕业时的那个暑假，一切仿佛都在拉伸和扩张——我的腿脚、玩耍时间、日子本身。同时，在那些宽广开放的日子里，我又是何等珍惜独自一人蜷在树下几个小时，陪伴我的只有一本书和我的想象力。这是一段与季节相关的记忆，但是成长中的孩子每一天都会受益于外在与内在体验之间有节奏的运动。

与韵律系统发展深刻相关的是孩子情感生活的觉醒。这也需要灵活性。这些年会是这样：朋友只有“最好”和“最坏”，事物只有我喜欢和我讨厌，各种爱好和俱乐部，希望不断有被唤醒的兴趣。故事与活动能够带来对危险与勇气、希望与绝望、尝试与成功的想象。准确来说，这些年是用心学习的最佳时光。节奏辅助记忆，无论是乘法表、歌曲与诗歌，还是帮倒忙的情况——无休止的广告标语也可能伴随我们的余生。谁不记得童年时期的电视广告歌曲呢？我们全都是对节奏最有力量的活生生的证明！

当然，在这些年里权威也非常重要，而且行使权威的方法也将产生持久影响。孩子需要界限和指引才能感到安全，你可以从这个年龄的孩子如何组织游戏中看出这一点。你还记得跟邻居玩踢罐子或跳房子的游戏时规则有多重要吗？或者当成人跟孩子玩棋盘游戏时篡改规则有多令人心烦吗？当一个 8 岁的孩子努力想知道自己的行为规范时，“那不公平！”是不变的呼声。

今天的家长经常不愿意行使权威，反而想要成为孩子的朋友；但实际上那对孩子是一种负担，他们正需要家长的智慧来引领道路。家长的纪律不需要严苛或专横，希望那可以是慈爱、吸引人的和清晰的。可悲的是，当这种纪律不存在时，培养的不是自由，而是一种混乱的自我中心主义。是否还记得那样的时刻：你需要家长来负责，或者你不得不用超出能力的方式去支持父母的那种压力。

练习：童年时期

1. 找出一些家庭规范、建议，甚至是戒律，只属于“我们家”的（说出来的或者没说出来的）。描述出在什么情况下这些内容被说出来或被全家人理解。什么事情导致它们的产生？谁说出来这些？当时都有谁？你当时如何反应？这些建议现在对你有什么影响？

2. 找出一个家庭节奏或者习惯——一些有规律地重复（每日、每周或每年）的事情。在你的心之眼（mind/heart’s eye）中观察它。你可以尝试去画一幅在这样家庭场景下的简单画面，注意出现哪些细节。作为孩子，你对于这个活动感觉如何？这个节奏对你现在的生活有怎样的影响？

孩子天生倾向于崇敬成人的权威，“我爸爸这么说”，“我的老师就这么做”，诸如此类的陈述就是证明。有机会在生活中对成人感到骄傲和敬畏，这对孩子来说十分重要。这会激发他们的渴望，让他想要变为成人。这还可以作为一剂解药，来应对儿童电视和电影中普遍存在着的对成人世界的冷嘲热讽和讥笑蔑视。

可能你还会记得在这个阶段的中间有一个非常重要的时刻，通常在 9 岁与 10 岁之间，孩子会经历一次自我意识的觉醒。与两三岁时辉煌地迈入“自我”的经历相反，在多数情况下，这次变化用一种新的低落、孤立和悲伤来展现出来。家长听到的话语都是“没人喜欢我”“我不需要告诉你”，以及可怜地说“谁说的？”很多这个年龄的孩子认为他们是被领养的，甚至偷偷希望如此；因为如果那样的话，某个地方还会有失去了联系的国王和王后，而不是现在有着如此明显缺点的父母：“我根本不可能属于这些人。”

对孩子来讲这是一段孤独的时光，对家长来讲是一种挑战。我们很多人都能回忆起那时感觉孤立或挑剔；可能我们还记得坐在树下无缘由地哭泣，或者想知道我们的妈妈怎么可能会那么令人尴尬。我以前的一位学生清楚地记得那时的想法是：“生命不再那么充满乐趣了。”另一位分享了他 9 岁时自己站在学校操场上的图景，当他看到其他孩子，并且意识到所有人都通过自己的眼睛来看这个世界，但是谁也无法看到他们自己的内在，心里充满新的忧伤。

比利 · 柯林斯（Billy Collins）带来了诗人对这一重要转折的关注。

十岁了

整个想法让我觉得
如坠深渊，
就像胃痛，
又像在昏暗灯光下读书时的头痛，
一种精神上的麻疹，
心灵上的腮腺炎，
丑陋的灵魂水痘。

你告诉我，回忆为时过早，
因为你已经忘记，
一岁时的完美简单，
两岁时的美妙复杂。
我可以躺在床上，记得每一岁。
四岁时，我是一个阿拉伯巫师，
喝下一杯牛奶让自己隐身。
七岁时，我是个士兵，九岁我是王子。

现在的我，常常伫立窗前，
遥望夕阳。

阳光从未这般肃穆
洒在树屋旁。
我的脚踏车从未像今天一样
斜靠在车库上，
深蓝的车漆已不再发光。

当我脚蹬球鞋走过宇宙，
我对自己说，这是忧伤的开始。
是时候告别空想，
是时候走向成长。

仿佛就在昨天，我还坚信
我的皮肤下只有光，
如果将我切开，就会发光。
现在，当我在人生之路上跌倒
也会流血受伤。

——比利·柯林斯，《在房间里航海》

安妮·迪拉德（Annie Dillard），在她的回忆录《美国童年》（*An American Childhood*）中美妙地捕捉了这个时期的混乱：

我那时刚刚醒来，就是刚刚……伟大的外在世界冲入视野，原来显然一直都存在的事物充斥着周围：矿物学、侦探工作、鳞翅目昆虫学、池塘与小溪、飞行、社会。

十岁的孩子醒过来并且发现他们自己在这里，发现他们自己一直都在这里：这很悲伤吧？他们好像梦游者一样醒过来，大步迈出。他们好像从心脏骤停或溺水状态中被救醒一样：无序地回忆发生了什么，四周围绕着熟悉的人和物，拥有百种技能。他们认识邻居，能读，写英语，对于神秘事物司空见惯；但也觉得自己刚下船，刚与自己的身体融合在一起，刚从沉睡状态中流淌下来，让记忆停留在进展顺畅、古怪而又熟悉的生活中。

我一点一点醒过来，像所有孩子一样，零零散散很多年……我注意到这清醒的过程，并用那可怕的逻辑预言，在未来不远的某一年，我将持续不断地醒来，永远也回不去，永远无法再次摆脱自己了。①

幸好这段孤独的时光只是一个阶段，并不是一种永久的状态。一旦孩子完成了这个过渡，通常随之而来的就是，童年中心期那可爱、开放的时光，青春期冲击前清新的呼吸。华德福教育的课程可以服务于成长中孩子的需要，但本书并非要详述众多滋养和丰富的方法。对于那些不熟悉这种适合人类发展的教育形式的读者，托林·芬瑟（Torin Finser）的《学校是一段旅程》（*School as a Journey*）可以是一个很好的开始。

无论是用哪种教育形式，最重要的是去问，这种教育是否对孩子的想象力有用，滋养了正在苏醒的情感。孩子体验到美、灵感、新的兴趣以及与日俱增的信心了吗？或者有什么每天阻碍了生命力在他们身上的自由涌动？是否在乡村或城市的环境中，他们被带进了与自然界鲜活的关系？他们是否被允许去观察，找到属于自己的充满惊叹的问题，从而

① 迪拉德，《美国童年》，第 10–11 页。

带来观念上的理解；或只是为了准备标准化考试而被那些抽象的东西狂轰滥炸？他们对人类能做些什么是越来越充满敬畏，还是受困于各种机器的磁力中？所有这一切对你来说又是怎样的呢？

在计算机出现的早期，我和10岁的儿子参观了一个儿童博物馆，在那里他开始玩一种可用模块。在一种初期的“聊天”模块中，他输入的拼写有误。一个声音响过以后，计算机闪出一条信息：“请稍等，我正在思考。”他当然非常着迷；但我却突然感到一阵寒冷，它居然篡夺了人类的本质能力。那还是1980年代早期，到现在，技术的魅力和覆盖面已经成倍增长。而且孩子似乎更是一出生就知道怎么去操作它，但他们也非常容易就被束缚其中。作为家长和老师，我们是否提供了适当的平衡活动，去唤醒和鼓励什么是真正的人类？

当我写作时，我想起最近在《纽约时报》周末头版有篇文章，写到在硅谷（Silicon Valley）的一所华德福学校，其中四分之三的家长在高科技领域工作，却选择将孩子送到一个没有计算机的小学去。如同一位在谷歌工作的家长说：“我们的技术是尽可能让最愚蠢的人都能简单使用，所以绝对没有理由孩子长大后会弄不明白。”另一个人说到，青年学生最需要的是“参与就是人类的接触——与老师的接触，与同龄人的接触”。[①]

在话题进入青春期阶段之前，我想看童年中期的另一个时刻，很多读者可能都还记得。对很多十一二岁的孩子来说，此时会闪耀出兴趣、甚至是未来职业选择的火花。或许他并不是有意识地展现，但当回顾时，

① 《一所不使用计算机的硅谷学校》（*A Silicon Valley School That Doesn't Computer*），《纽约时报》，2011年10月23日。

一个人有时可以看出生命主题的第一次显现。威廉·布莱恩特（William Bryant）就生命周期做过广泛的工作，谈论到 12 岁的节奏时——他称之为木星周期，说它是“创造力的节奏”，特点是“某种东西‘豁然开朗’，某种东西就在恰当的时刻与我们相遇，或者一种新的想法、计划突然悄悄进入状态的时刻。”[①]

我最近询问一位退休生物化学教授他是什么时候开始对化学感兴趣的。他愉快地笑着描述在十一二岁时他制作网球炸弹的刺激，他感激地指出，尽管如此，大部分都爆炸得不怎么好。我个人的情况是，11 岁那年搬家到智利的圣地亚哥，第一次唤醒了我一生对旅行、语言以及文化的兴趣。一个更出名的例子就是故事集团（StoryCorps）的创始人戴夫·伊赛（Dave Isay），在 11 岁，一次家庭节日晚餐时，他使用父母的录音机开始采访他那“富有传奇色彩”的祖母，以及其他年长的亲戚[②]。在他的带领下，故事集团已经成为世界最大的口述历史项目之一，在 2003 至 2013 年间，录制了超过 45,000 个家庭成员与朋友之间的谈话，如今都在国会图书馆的美国国家民俗中心存档。

关于 12 岁左右的孩子，尤其是女孩，还有很多内容可以说。许多读者都很熟悉卡罗·吉利根（Carol Gilligan）的工作，她对临近青春期的女孩做了一项多年的研究。她们周围有着“成为一名年轻女子意味着什么”的画面，当她们努力去适应时，在情感生活中就经常会发生一种分离。她观察到聪明、活泼的女孩子如何开始压抑自己独特的声音，好像会“恐惧，如果在关于自己、乐趣和知识等重要部分说出自己的心声，那将危及她们与他人、甚至世界的连接。”[③] 一种由社团激发的竞争感也在同龄人

① 布莱恩特，《时代的掩盖脉动》（*The Veiled Pulse of Time*），第 137 页。

② 伊赛，《倾听是一种爱的行为》（*Listening Is an Act of Love*），第 249–250 页。

③ 吉利根，《乐趣的诞生》（*The Birth of Pleasure*），第 15 页。

中悄无声息地蔓延，并且经常伴随着自尊心的丧失，比如很多曾经喜欢数学、科学的女孩突然间关闭了自己的这个面向。最近几十年间，尽管女权主义的关注带来很多教育实践中的改变，但这一切依然在持续发生着。

可能这种自闭的某些方面属于青春期来临本身，但它夸张的表现说明这还是一个更广泛的社会问题。父母、老师以及麦迪逊大道（Madison Avenue）继续推动着与性别相关的行为和态度，这些与成长中女孩、男孩健康的自我形象有直接冲突，因此我们需要更多、更细微地关注在大大小小的各方面来进行纠正。进食障碍、自残、抑郁、欺凌、青春期前期孩子及青少年其他破坏性行为广泛地发生着，这些都明确地表明太多当今女性与男性代表中存在着冲突和破坏性的特质。虽然有些修辞没有性别区分，但关于成功的形象通常仍然充满着刻板印象与偏见。对我而言，每当看到媒体上年轻的孩子被塑造成有着充满性暗示的姿势、服装和态度的形象时，我都感到非常痛心。在成长中的年轻人尚未关注到性别这种重要分化之前，性别差异已经被物化了，这是令人难过的，其实也常是荒唐的。

14 岁至 21 岁

当然，由于青春期的到来，性别差异开始显现出来。而且在最近两百年里，男孩、女孩的这种转变期发生得比以往更早，在发达国家中每个世纪比平均值提前两年。各种因素似乎都影响着物质身体早熟的发生：儿童肥胖、环境中的化学物质和激素、营养改变、现代生活的压力和快节奏、早期智力开发，甚至是父亲角色的缺失，这里还只列举出调查中最显著的那些因素。尤其是女孩，现在青春期甚至从七八岁就开始了，此时她们远未拥有成熟的头脑和心理去真正理解身体内到底正发生着什么。男孩唱诗班也越来越难于保持在 12 岁，因为他们过早地开始变声。12 世纪时，J.S. 巴赫唱诗班中男孩变声的平均年龄是 18 岁，这形成了鲜明的对比。①

在考虑一般的生命周期时，当现象看似与基本模式矛盾，就会出现很多问题。这种七年的生命周期是否仍适用？我们如何理解个体或群体表现出不符合阶段的特征？从理想出发还是从实际出发能更好地服务于良性的发展？当一个现象如此普遍，什么时候需要一种新的概念框架呢？对于此类问题都没有简单的答案，也没有现成的理解。

在基本的儿童发展方面，发育期（puberty）指性成熟过程，青春期（adolescence）指心理发展过程，我发现，去关注两者的差异很重要。在早些时候，发育期和青春期或多或少都同时发生，但这种身体和心理成熟之间的时间差距越来越大，特别是最近几十年里。可能这种日益扩大的差距有助于解释伴随很多人青春期的深度混乱，而且它或许也是受困的青春期行为经常拖延至成年后的一个因素。

当然，无论身体发育期什么时候发生，都肯定有一个真正的改变——我称之为心魂生活的深化——大概在十三四岁左右开始。可能你还记得那段困惑、兴奋、希望、恐惧和憧憬的时光。鲁道夫·斯坦纳将这种进入青春期的转变与年轻人星芒体的唤醒联系在一起，这将为他们的愿望、欲望、激情、思想和情感带来新的关注点。此时孕育（conception）开始成为可能——不仅包括物质身体上的怀孕，也包括用一种全新的方法在头脑中的构想。我想所有中学生的家长和老师都会注意到这一明显的变

---

① 菲奥娜·尼尔（Fiona Neill），《智慧生活杂志》“青春期蓝调”（“Puberty Blues”，*Intelligent Life Magazine*），2010 年夏季刊。

化——年轻人如何开始看待这个世界，提出新的问题，以及应对复杂的思想。慢慢地，各种可能性开始打开，使他们诞生了自己的想法。

青春期早期是充满了两极性（polarities）的时期：他们既对世界感兴趣，又非常以自我为中心；他们既是新理想主义者，又严厉地批判；他们深刻地感到自己的孤独和独特，即便深深地受到同龄人的影响。我的一个朋友曾提议，14 岁的青少年都应该在他们脑门上戴一个标记，自己看不见，但其他人都看得见，上面写着“停业重建”。

我以前的一位学生，她在 23 岁时写下如下内容，来描述自己进入青春期：

> 我记得 13 岁时在门前草坪上与自己的一段对话。我思考着非常严肃的问题，关于生命、真理，哪些是真的，哪些不是真的。我告诉自己，我身上将发生一些事情，很快我就将变成另外一个人——不会再用相同的眼睛来看东西。关于这一点我非常确信，并且强烈地想为自己留下些许线索，这样我还能够回到来的地方，还能回到当时那里……记得有一件事是，我认为躺在地上看树叶的轮廓形状很重要，这样我就能知道哪些树是不同的，哪些是相同的。如此清晰，这对我来说就是清晰的真相。其他的事情我记不得了，但记忆中印象最深的时刻是，知道“长大”意味着要离开一个善恶、真相都很清晰的世界，而进入一个善恶、真相都很模糊的世界里。

青少年充满矛盾，具有挑战性，内在翻涌着各种不和谐，但开放和激情的时刻又如此可贵。仿佛他们走在一条看不见的边界线上，一边是童年，另一边是成年。可能他们随时都会跳向某一侧，成人的任务就是去感知他们在哪一边，并且相应地与他们进行互动。如果他们感觉自己已经长大了，我们却依然像对待孩子一样对待他们，他们会感觉受到侮辱；然而如果此时他们正沉浸在幼稚的行为中，去期待他们有更成熟的行为也是毫无意义的。你还记得自己在青少年时期这种如玩儿时跳房子游戏一般的经历吗？你还能否记起成人是如何回应你的行为，以及你被如此对待时的感受吗？

青少年向往理想，向往一个他们可以信任的社会，向往权威。他们正在寻求真理、理性。他们正在自己的内在和周围经验着一种混乱中的秩序，也寻求与此相类似的东西。如果你还记得任何在你青少年时期内心升起的理想——对艺术的惊叹、政治改革的可能、一个人表现出鼓舞人心的勇气——这种超越自身的信念是否给你带来了希望的承诺和安全的港湾？

当然，青少年经常戴起面具来掩盖他们正在出现的自我意识。当我女儿将衬裙当作裙子穿出去，或者将头发染成蓝色时，我都努力提醒自己，作为小女孩，我鼓励她玩“扮装打扮”游戏。从这可以看出，新装扮正是他们漫长自我发现道路上的下一步。我很荣幸地可以认识几位在 20 世纪 80 年代经历过朋克阶段的年轻人，尽管他们身上的链子和莫霍克发型（Mohawk haircut）看上去有些许威胁的味道，但这些特别的年轻人非常聪明、善良、温暖、有爱心。我逐渐理解，这种时尚选择的部分动机是想要挑战成人世界，去更深刻地看我们是否愿意与他们结识。他们想知道我们是只停留在肤浅的外表，还是有意愿进入更深刻的真实。

青春期对于家长来说充满挑战，你心爱的孩子突然间变得非常苛刻。实际上，任何人都无法像你青春期的儿女一样，能够将匕首插进你隐藏最深的耻辱、自我怀疑或者虚伪当中。即便他们深切地渴望父母的接纳，但是在批判时可以毫不留情。他们的行为很糟糕，并且也为自己有这样的行为而感到很糟糕。他们正努力发现自己是谁，因此他们必须去对抗童年时期一直保护他们的界限。他们叛逆只是为了要找到自己，多数时候家长就是他们自我探索道路上的攻城锤，他们必须要测试每一个极限。实际上，青春期根本没有叛逆过的年轻人，在日后想要找到自己的声音和个人权威感将经历更艰难的时期。

当然，父母会回忆起自己的叛逆和尝试，并想让孩子免于经历自己当年的困难。但是突然用新规则强制施压通常会导致更多问题。关注纪律，包括榜样和培养自律，是童年早期至关重要的事情。当然，青春期依然需要有界限，但如果年幼时从未有过，而想在这个时候引入，那将会很困难。此时年轻人正一心一意地在我们的言谈举止中寻求真相，以及当控制和建议他们时，我们能否以及如何真正做到自己说过的这些话语。

作为青春期孩子的父母，我们有太多事情要去担忧。世界上存在真正的危险，并且无论年轻人努力表现得多么自信，作为成人，我们都能看到他们的脆弱。可是我认为，我们也都知道担忧没有任何好处。我们当然能够从自己青春期的记忆中知道这一点，有时父母看似愚蠢的担忧经常让我们很恼火。许多家长描述说，正是当孩子青春期时，他们才真正地学会祈祷。我知道对我自己来说，信任孩子们的命运需要非常大的努力，我努力地与他们更高层次的自我——或者有些人将之称为守护天使——保持连接。在内心里，我每一天都祝愿他们能够具有力量，用属于他们自己的正确方式，去应对人生道路上无法避免的诸多威胁与诱惑。

健康的青少年能够慢慢度过青春期早期的消极和过度敏感，并且具有越来越多的自我反省能力，专注于自己思考的能力，甚至饶有兴趣地倾听别人观点的可能性。当他们努力去经历自己两极化的体验时，与真正的两极性工作，可以如顺势疗法般辅助他们：黑与白的绘画，或者戏剧，例如《罗密欧与朱丽叶》中面对血亲与个人间的冲突。一位老师朋友曾跟十年级的学生一起练习表演不同戏剧中的争执场景。通过扮演不同的角色，学生们能够表演出不同的心魂情绪，因此这也给他们生活中的冲突增添新的视角。

练习：青春期

在你处于青春期时，是否有一个特别的人，你可以真正与他谈话？尽可能清晰地将这个人描述出来，还有那个时候的你。这个人能够给你带来哪些特殊的品质？对你来说，是什么让这段关系如此重要？

你是否能想起，在这些年里，你有什么理想被唤醒？它如何呈现？当这在你内在展露曙光时，清晰地描述一下你自己。它如何影响了你那时候的行为？当你长大时，这个理想怎么样了？

励志、奋斗和开创性的故事都可以培养他们那正在萌生的独立感。例如帕西法尔（Parzival）的故事，他是一个在探寻之路上的骑士，他必须超越所有成长经历中继承而来的建议，直到最终他可以问自己的内心，如何给另外一个痛苦的人带来疗愈。如果年轻人能研读这类的文学作品，那他们是何等幸运。或许你还记得读过一些人物传记，他们克服千辛万苦，或者他们的行为、发现促进了社会正义或创新。年轻人也同样可以通过暑期工作、社区服务和在家庭中承担责任来提升他们的自信。

这个时期孩子很自然地想要了解一切，或者追随一种激动人心的兴趣或理想，而令人感到悲哀的是，竞争的压力却侵占了这种前所未有的渴望。太多年轻人深陷大学入学考试的激烈竞争中，错失了在这几年里能激发出的对真正的学习和身份认同的真实探寻。有些人从家庭或教育的期待中抽离或反抗，逃入药物滥用和随之而来的不良发展中。

其次，在这些年里，爱的诱惑与性的吸引也会特别强烈。逐渐唤醒的憧憬，伴随着爱的成熟。这些年受金星影响，如同以她命名的行星，维纳斯是美丽的爱神，在感官和天体运行两方面照耀着青春期。流行文化提供了源源不断的诱人图像和可能性，充满着对关系的渴望。即便在这个性爱物质化、青少年同龄人压力无处不在的时代，在初恋的奇迹中仍然会有伟大的柔情。

鲁道夫·斯坦纳给青春期关于性别发展提供了有趣的图景。他建议，只有到了高中阶段，男生、女生才应该区别对待，因为男生、女生以不同的方式投胎，这是他建议的依据。

正如前文所讨论过的，斯坦纳认为男性更深地入世于物质身体。他们的青春期需要更长时间，“自我”直到20岁出头才能够真正地与物质体、以太体和星芒体相结合。在青春期我们可以清晰地观察到肌肉和骨骼的发育，并且他们逐渐坚定的智性思考也是一件令人愉悦的事，也许你还记得这些经历的喜悦。但是，想了解一个男孩的感情生活，那是相当困难的——甚至对他自己来说也是如此。男孩似乎在唤醒生命这个谜题方面，速度就是很慢，并且经常感到孤独、困惑和害羞。他们可能通过扮演小丑来隐藏内心的波动和渴望，甚至通过欺负行为来掩饰。谈到青春期的男孩，斯坦纳建议我们尊重他们“隐藏在心魂中的秘密”；重要的是不要嘲笑他敏感，或者问他太多私人问题①。他真的不知道该如何回答这

① 斯坦纳，《青少年的教育》（*Education for Adolescents*）。

些问题。问他关于故事、戏剧或者绘画中某个角色的感受可能对他更有帮助，这种不直击要害的诉说方式可以让他先在自己的内心维度中进行练习。

有时候，当我看到青春期的男孩在马路上摇摇晃晃地走过我身边，表现得很愚蠢或者很自恋时，我都努力记起英国诗人保罗·马修斯（Paul Matthews）的话，当他描述内心逐渐被唤醒的秘密时，可以非常感人地捕捉到那些年心里隐藏的温柔：

> 我 14 岁的时候，因为打橄榄球摔断了腿。我想一定是缪斯将我绊倒了。我不能在圣诞节晚会上跳舞，只能坐在一旁观看，这使我突然间意识到，我是这个宇宙中一个单独的存在。当女孩们走过来在我腿上的石膏写下名字时，她们的眼睛闪现着魅力，甚至改变了当晚的灯光。
>
> 然后我回到寄宿学校。只有男生真的挺难的。女孩嘛……是我们嘲笑的对象，吹嘘的对象，或是女神，没有别的可能。当隔壁女校来参加唱诗班时，我们傻呆呆地看着她们，中间有一道不可逾越的鸿沟。这是那时的阴影（我现在仍对此感到痛苦），但或许它会让其他的微光透过来。
>
> 我开始读华兹华斯的诗歌。当其他男生跑去小树林抽烟时，我去与大自然谈心。当我写这些时，听起来好像很自负。可能我就是如此——如果有人赞成，可能会做得更好。只可惜她在等待——“我想娶的女人”。树太显眼了，星星也太亮了，我想把它们都赶走，并且找到她。
>
> 雨水也是她的一个方面。当我听到它拍打着窗户，就会起身走出去。我可以在其中赤裸身体，不再害羞，也不再尴尬。我可以笑

出一种属于自己的微笑。

然后我开始写诗。“那颤抖的月亮沉默地挂在树梢”，这是我写的第一行诗，那错误的修辞至今都让我感到很尴尬，但当时却让我兴奋不已。当我那晚躺在床上，一遍一遍地喃喃念诵时，我终于明白我为何而生。[①]

青春期的女孩对她的感情生活更加有意识，也更加感兴趣。她的内心世界对她来说更容易进入，她跟朋友之间所有的谈话都是一种探索内心世界的方式。很多男孩（事实上是男人！）真的很困惑为什么女孩们能在一起谈论那么多内容：她们到底有什么必须没完没了地说？并且我还记得我曾注意到，当我的孩子青春期时，男孩们是如何被女生的谈话吸引到周围，他们不愿意参与，甚至可能假装不感兴趣，但却间接地关注女性心灵的探索。

斯坦纳将女孩能够更有自信地看待自己情感的这个事实，归功于她们并未过深地入世于物质身体。他进一步地给出一幅图景，女孩的星芒体在青少年时期就将她的“自我”吸了进来。因为这提早与“自我”的连接，她能够更有自我意识，也能够更容易地理解他人的情绪和动机。他说，问一个高中女生对故事里的人物感觉如何，还不如去问她引擎如何运作，或者让她描述一个历史事件，或者客观地进行审美判断。关注到这些就可以促进平衡。

让我们再花点时间来思考一下这两幅以性别为基础的发展图景，这会很有意思。当少年的“自我”在 21 岁左右进入已经准备好的物质体、

① 选自 20 世纪 70 年代的《阿里阿德涅通讯》（*Ariadne Newsletter*），现在以修订版出版于保罗·马修斯的《滑动的字符》（*Slippery Characters*）。

以太体和星芒体时，它用一种清晰、独特的方式来完成；而少女的“自我”是与她星芒体的发展交织在一起的。这些模式会在一生中发挥作用，带来普遍意义上的性别差异和挑战。对男人来说，通常他需要格外有意识地将“自我”的注意力之光投射到自己的情感中；而女人可能要穷其一生，来努力将自己的自我意识从她的情感纠结中区分出来。这样的图景或许会导致刻板印象，这当然不是我的目的。但是，只要我们承认单一性的倾向，就能够更加积极努力地尊重这种自然倾向。此外，这能够帮助我们学会欣赏和感激，在迈向完整人类的漫长道路上，男人和女人有那么多东西可以相互学习，并且又是那么地彼此需要。

第一个月亮交点（Moon Node）

在 18 和 19 岁之间的青少年时期，会出现一个有趣的交点。这一点并不涉及繁复的占星学考究，十八年半的交点反映一个人出生那一刻月亮、地球和太阳的关系。将它称为第一个月亮交点，是指月亮穿越黄道的路线，即从地球上看到的太阳路线，与一个人降生地球那一刻是相同的。这看起来好像我们再次通过宇宙的大门，经历来到地球的旅程，通常这个时候年轻人会感到对此生灵性意图的开放，有些人这时会有特别重要的梦想，有些人发现自己在沉思一些相当有意义的新问题。有趣的是，在许多文化中，这是高中毕业、对未来工作或教育作出选择的时刻。这个时期可能会有内在和外在两种改变，或许如同以往生活中的片刻休息以后就会展开新的一步，或者更令人惊奇地瞥见事业方向。有一位年轻女士多年来一直想变得比她实际年龄更成熟些，在描述她 18 岁半的交点时，她无意中说出了这个真相：“我觉得我比过去那些年更接近自己。”

当然，在青少年后期，一个人的永恒个性，一个人的“自我”，确实是从未如此接近过。这是在沉思“我是谁？”并且想知道是否有谁能够真正了解我的时期。同样也越来越渴望与他人真正相识。有一次，我深受感动，儿子20岁的朋友告诉我：“我意识到我不了解我的母亲。我爱她，但是作为一个人，我不了解她。现在我开始感兴趣了。”

因此生命的春季也神秘地步入夏季，经过多年的准备，终于到了花朵盛放的时间。

第6章

丰盛夏季：21岁至42岁

步入成人阶段，就仿佛进入“我是谁？”这个问题的核心一样。当然，这个问题本身在诸多方面是一个永远持续的探索之旅；但是在21岁左右通常会出现寻求答案、或至少是寻求体验的紧迫性，这些将为新萌生的自我意识敞开新的大门。如前所述，实际上很多大门是通过对他人的认知打开的，例如我们的朋友、同事、伴侣以及导师，那些帮助我们将自己不同面向整合起来的人，通常情况下，也包括那些我们与之相处有困难的人。

如前所述，在整个童年和青年时代，我们身体的保护鞘逐渐发展，为永恒的“自我”——即每个人自己独特的个性——准备容器；现在“自我”能够更直接地进驻了。物质体、以太体和星芒体形成于不同的童年发展阶段，现在能够为入世的灵性“自我”提供好居所了。

当然，“自我”并不是一出生就完全觉醒或具有自我意识的，这需要我们用一生的时间来走近它不断演进所呈现出的庄严。整个接下来的21年中，在这花朵绽放的夏季里——实际上这些年也是最受太阳影响的阶段——我们会发现自己正走在自我发现与自我定义的道路上。尽管这条路可能会有蜿蜒曲折，会密布乌云与幽暗，但太阳始终高挂空中，为我们的自我探寻带来温暖与光明。

因为关于这一点已经有太多证明，所以鲁道夫·斯坦纳给出的图景总让我感动，如前所述，“自我”通过下一个生命阶段逐渐转化从生命中第一个21年中遗传获得的身体，每个人在从出生至21岁的经历中，都有属于自己天赋和缺陷的故事。现在，“自我”渗透进星芒体、以太体和物质体，改造已经获得的东西，甚至还有童年期有些完全无意识嵌入正在发育的身体中的东西。

以21岁和42岁为轴，在21岁至28岁期间，进而在42岁至49岁期间，我们有时会经历一些重要的情景再现，这些回响来自14岁至21岁期间发生的事件。我们还可以在7岁至14岁、28岁至35岁以及49岁至56岁，或者从0至7岁、35岁至42岁以及56岁至63岁中找到类似的对应关系。如同存在一种螺旋共鸣，一篇隐藏了主旋律的乐章，会超越最初的外在事件，在以后的生命阶段中深化为更加内在的心魄、灵性的回响。建构于猜想基础上的这些，不具有任何规范性价值，但有时可以帮助我们去理解当前情境下令人困惑的事件。在看似孤立的事件背后，我们常可能会认识到有更伟大的意志在发挥作用。至少我们能够看出这些相呼应的生命阶段揭示了人生中的蜕变活动。

这种呼应现象的一个方面，与我们在20至30岁期间心魂新维度的觉醒相关。前文指出过，这是心魂深化的岁月，个性的出现丰富了我们的内在生命。在这些年里，我们需要接受挑战，负责任地进入自己的心理成熟过程。我们唤醒自己独特的心魂存在，越来越对自己的情感、思想和行为负责。鲁道夫·斯坦纳进一步阐述了这个过程，21岁至28岁这个阶段，他称之为感觉心，28岁至35岁为理知心，35岁至42岁为觉知心。

图表 6　生命线轴 2

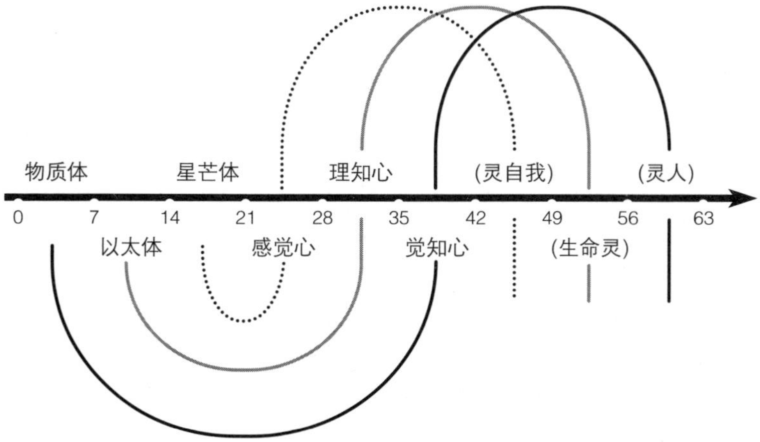

我并不想淡化任何人从童年带入成年的一些痛苦经历。因为忽视或者过度刺激，身心虐待或者各种苦难，我们成年后拥有的可能是受伤的自我意识。从好的方面来说，我们的时代提供了各种各样的疗愈方法，来对治阻碍健康心理成长的伤疤。在这章中，我对于生命阶段的重点是基本的发展节奏。我相信这些节奏展现在所有人的生命中，每个个体因经历的喜悦和悲伤、机遇和匮乏而具有不同的色彩和方式。我们从来不是静止的存在，我们所面临的挑战是，用比以往更加觉醒的方式去面对一直有的成长。随着我们尽全力将意识、理解和宽恕带入生命故事，我相信，我们不仅能在挡住我们道路的黑影中找到方向，也能变得更有深度和更有力量。这里我想起一首玛丽·奥利弗（Mary Oliver）的诗歌，来自她的书《渴望》（*Thirst*）：

悲伤的作用

（我曾梦到过这首诗）

我曾经深爱的人，

给了我满满一盒子黑暗。

我用了多年时间来理解，
原来，这，也是一份礼物。

21岁至28岁

你还记得自己的21岁吗？你是否感受到一种全新的自我责任感觉醒了，它可能表现为想要开始一份真正工作的欲望，或者想要自己来打造生活环境？对很多人来说，20至22岁这段时间会带来重大的外在改变：属于自己的公寓，第一份“真正的”工作，大学毕业，或者父母的经济支持结束了。即便是一些十来岁后期就已经开始独立自主的生活的年轻人，通常也会发现，在21岁左右的一个时刻，他们觉得自己变得不同，变得更加成熟，更像成人。一位有两个孩子的朋友，她清楚地记得她21岁时出去给自己买了一双白靴子，并且知道她的生命已经发生了决定性转变。这时友谊通常会发生转化，开始对全新的朋友类型更感兴趣。他能感觉到似乎他正在脱掉自己的某些方面。很多人在这个年纪会去旅行，在此过程中不仅探索世界的新地方，也在探索自己的新面向。

我20岁那年，一月的一个晚上，我发现自己已经在大西洋上空的飞机上，飞往西班牙求学。离开前的两个星期里才匆忙地安排了行程，仅因为刚萌发的一种要走的冲动，固执地想要去挑战一下几个月前做出的继续传统道路、完成大学学业的理性决定。我完全不知道会去哪里，但有人已经告诉我，抵达马德里机场时我就会收到提示消息。我看着飞机窗外，飞机在云端之上，我依然记得当时心里想：“我自由了！人生第一次我不是谁的女儿，谁的学生，谁的女朋友，或者朋友、妹妹，或者任何其他什么人。人们只会接触到我选择与之分享的那部分。”这太令人兴奋了！当然，这是个很大的幻象；但作为自我觉察和自我负责的第一步，这预示着我的“自我”荣耀与重要。一种全新的自我意识正在向前迈进，一场新的探险正在召唤着我。

你还记得自己步入成年的这个时期吗？你是否感受到自己想从养育环境的规范或者限制中解放出来的欲望？你是否发现自己筛选家长和老师的建议，在探索新的存在方式时，努力探索自己的价值？青少年期可能尝试过各种各样的面具，但现在却有着强烈的意愿，想直接步入不同的社会环境，通过与纷繁复杂的世界相遇，找到自己，并且在现实中检验自己的梦想。

练习：写作

用这个短语开始：“当我 21 岁时，……”做五分钟写作练习。就让记忆自然涌现，无须编辑。对你来说，这是否是一个转变的时刻，拥有全新的内在和外在体验？

下一次你也可以用这样的写法开始：“当我 28 岁时，……”或者“当我 35 岁时，……”

从 21 岁至 28 岁，随着去体验我们能做好什么，哪些更有挑战性，人生这位伟大的老师提供的信息让我们知道我们是谁。生活的阻力与反应对形成的自我定义至关重要。我能做什么，我喜欢或者不喜欢什么，这些都开始描述出我是谁。在这些年里非常重要的是去尝试不同的活动和生活方式，探索不同的技能，并从我努力的成果中学习。一个人困在一份狭隘、重复的工作中是很难的——当然，如果没有就业会更糟糕。我们需要他人的反馈，当我们听到称赞时，内心会翱翔；受到批评时，会畏缩。在这些年里，找到一种平衡的自我形象是一个巨大的挑战。

21 世纪的美国文化过早地将对工作保障和养老金的担忧强加给了 20 岁的年轻人，在理想状况下，这其实应该是冒险和拓展的年纪，而非被长远计划所负累的时候。如果年轻人有机会去旅行或者探索各种各样的工作，那会是很幸运的事。失业或者需要搬回父母家是很痛苦的，因为那会缩小他们检验自己羽翼、迎接新的挑战，并且发现自己新面向的机会。即便在稳定的工作或生活环境中，如果能够尝试不同的任务，面对他人对自己全新的期待，这些都会很有帮助。在这个年龄段，理想状况下，未来是宽广的，梦想是深远的，前方充满无限可能。

20 岁出头时，我和克里斯结婚，当时隔壁有位邻居，偶尔在花园干活时我们会聊天。他三十出头，每一次见面都会谈到克里斯是否完成服军役这件事情。那是 1960 年代末期，正值越南战争，让我们倍感宽慰的事实是，克里斯的博士研究将使他超出 26 岁的征兵年龄限制。但是我们的邻居忽略了这个细节，并且非常热切、确信地说："你想要尽早完成服兵役，这样到你 30 岁的时候，就能有公司聘用你，并且拿到很好的养老金。"为了不冒犯他，我们只好赶紧进屋，我们感到很惊讶，居然有人会围绕着养老金来计划自己的生活。且不论是否应该用如此实用主义的方式来选择职业的问题，这种交流表明，基于不同人生阶段的观点会如此不同。在他这个年龄，这种理性的计划完全没有问题；但是对二十出头的我们来说，这实在是不可思议。

如前所述，十几岁和二十几岁之间存在着一种动态的关系。整个二十几岁期间，“自我”越来越有意识地关注青春期那些年留下的宝藏，觉知逐渐增多的自我，现在与星芒体觉醒后带来的情感漩涡相遇。整个二十几岁期间，情感依然是主要驱动力，因为外在世界的印象被接收进正在发展的感觉心。实际上，与我们相遇的一切让我们感受如何，这强烈地渲染着这些年的体验，我们的感受是事实的指南针。我曾经有位学生，他的论文开篇是这样写的：“我父亲在过去四年中竟然变了，这实在令人惊叹。”毫无疑问，实际情况确实如此；而文中逐渐清晰的是，他 23 岁时与 19 岁时对于父亲真切的感受是有着巨大差别的。

在这个阶段，“自我”逐渐学会去关注由各种感受带来的关于自己和关于世界的信息。这些年里充满极大的热情和能量，我们的社会、政治以及道德观可以格外强烈。无论是理想主义、愤怒，抑或是激进，通常都充满自我正义感，就像我那个年代人号召的一样：“永远不要信任 30 岁以上的人”。生活深深地触动心魂，使其迅速增长。如果可以去反思在这些年里哪些观点、哪些人走进你的生活，那会很有意思。是什么点燃了你的激情？谁为你打开了大门？哪些鼓励以及哪些界限塑造了你，使你成为今天的样子？

练习：门

在 21 至 28 岁这些年里，谁为你的成长开启了一扇大门？尽可能清晰地描绘这个人，以及你自己在这扇大门打开之前和之后的状态。如果你能找到陶泥的话，形塑大门开启后的你将非常具有启发性。那时的你有怎样的不同？如果有一位观察者，他会怎样看你？你自己对于这扇大门的开启有怎样的感觉？这种体验是否以某种方式仍然存在于你的内在？

你依然可以带着这些问题来思考从21岁至42岁中接下来的两个七年阶段。看一下在这不同的生命阶段里，在你的体验中，是否感受到质的变化。是否有些大门是你为自己打开的？你又为谁开启了一扇门？

属于成人阶段的一部分还在于我们努力将自己从家庭养育中的价值和局限中解放出来，因为它们不再是必须的了，甚至对于正在出现的自我意识具有破坏性。与此同时，我们要面临挑战，去整合一些在生命故事里以及我们自身将不会发生改变的东西，例如鼻子的形状、要戴眼镜、气质类型、父母的离异或生长在一座大都市的事实。就在迈向未来的路上，我们每个人都有从童年带来的独特优势和弱势，现如今它们成为了我们生命历程中的路标。只要注意一下，我们就能发现，我们远不止这些优势和弱势：我们现在有独立的“自我”，它能指导我们的道路，引领我们继续生命故事。这个阶段的理想状态是，年轻人将感受到未来是开放的，他们可以做出改变，完成梦想；甚至在感受到自己的不足时，也能用发展的意志去面对。

在斯坦纳谈到他自己成年早期辅导一个家庭中四个男孩的经历时，他感受到自己遇到了一些童年缺失的东西：

在来到这个家庭以前，我参与儿童游戏的机会非常有限。结果，最终在整个二十几岁期间我有足够的时间玩耍，因为我要学会怎样玩耍以及如何引导游戏。当我这样做时，感受到极大的满足。我想这辈子我已经玩得跟别人一样多了；但直到 22 至 28 岁期间，我才做了通常 10 岁前应该完成的事情。[①]

危机时刻

随着二十几岁时一路走来，在 28 岁左右，几乎无可避免地，我们都会经历一个盘点的时刻，对我们的方向产生质疑，甚至很多人经历到内在与外在的危机。当然，“危机”这个词内在有多层词义，它来自于希腊语 *krisis*，暗示不稳定性和转折点的意思。它与判断和决定、检验和辨别有关——所有的这些都在这个年龄的年轻人身上发挥作用。

这是一个自我分析的时刻，一个问问题的时刻：我正在做着我想要做的事情吗？我已经取得了什么？我现在是谁？关于未来我还想要什么？我的能力和局限是什么？在所有的内省中，人们也会检视他们的关系：我是否一直在回避亲密关系？我是不是需求过多？在关系中，我是否还有成长的空间？我准备好稳定下来了吗？还是需要继续向前？

随着对决定和行为产生的后果越来越有意识，通常年轻人在这时都会有做出改变的愿望。他们重新审视人生态度，并且设立新的目标。这是很多人决定结婚的时期，当然也有很多人在这期间离婚。在研究生院的人这时想要一份工作，也有一些人决定重返校园继续学业。我在成人教育领域工作多年，为考虑成为华德福老师的人指导一个基础学习项目（Foundation Studies program），总是见到一群 27 至 29 岁的学生引人注意。经过了许多的心灵探索，他们来到学院，准备迈出内在和外在的新步伐。

对于那些天生极具艺术天资的人来说，28 岁左右将格外具有挑战性，

---

① 斯坦纳，《自传》，第 53 页。

这里也包括受训多年的艺术家，例如音乐家、舞蹈家、诗人或者画家。他们会碰到这样的内在问题："我该如何继续我的艺术？我该如何发展出自己独特的方式，而不仅仅是与生俱来的天赋？"这些透过业力得来的天赋，现在需要我们用新的方式与之工作，或许它们已经变得不再重要。这天赋会变成一个人一生工作的基础吗？一个人的不断演进的"自我"，现在如何能指导他的天资，进一步去培养、探索和发展呢？

一位名叫艾蒂·希理生（Etty Hillesum）的年轻女子，她曾经积极参与二战期间荷兰的反抗活动，在她死后，人们在奥斯维辛集中营发现了她的日记。尽管她的生命状况比大多数人更扣人心弦和具有创伤，但是她的词语却概括了这个年龄的原型特征。她描述了她的感受：

> 这是一种不断增长的自我确定感。我已经成熟，足以承担"命运"，不再过偶然性的生活……我现在已经28岁，不再是22岁，这对我帮助很大。现在我有掌控自己"命运"的权利。它不再是一个浪漫的梦想，或者对冒险、爱情的渴望，所有这些都会驱使你表现疯狂并做出不负责任的举动——不，它是一种强烈且神圣的内在严肃，很难相处，同时又不可避免。①

贯穿于心魂取向的弯路

在进入这28至35岁的下一人生阶段之前，我想先停下来去探索另一条路径，来看看我们个体的存在方式。我之所以在此刻这么做，是因为这种视角有助于理解我们如何在世间找工作。十几岁和二十几岁的阶段都跟发展中的星芒体有密切关系，而星芒体是我们组成的一部分，它

---

① 希理生，《被中断的生命》（*An Interrupted Life*），第132–138页。

贯穿于死亡与再生之间的星际天堂旅程中。在前文我曾提到，在通过七颗经典行星领域时，我们因即将到来的尘世生命得到“衣服和祝福”。我谈到不同的行星影响在不同的生命阶段发挥作用，并且我们每个人都带着特有的行星天赋来到地球。这在我们称为心魂取向或者心魂类型（Soul Type）中有所展现。

这是个体人类本质之谜题的又一部分，是以另一种方式来看宇宙实相如何为我们赋予独特的个性。你能否想象，当我们降临到地球上开始新一世的生命时，每颗行星存在都将它们力量的光辉照耀于我们，祝福每一个人拥有独特的心魂品质构成，并在青春期后星芒体开始活跃时前所未有地强烈彰显出来？当提到行星存在（planetary being）时，你是否能想到我是在把它作为动词，来指代一种“存在”的品质，而不是在想象某个固定的实物？行星，作为灵性活动存在着，它是至关重要的，它宽广、重叠，而且每个领域都有不同的东西可以提供。

即便这种关于行星存在的想象不是你要考虑的事情，这种分类法也有助于理解个性方面的差别。这些取向也可以被认为是不同的性格类型。我生来所具有的天赋是性格中的一部分，它在我感兴趣的人事物、我选择做的事情以及我可以提供的心魂品质中表现出来。与居于我们习惯了的身体中、在无意识的行为和反应中展现的气质类型正好相反，心魂取向在爱好、兴趣以及我们在世界中的存在方式中显现出来。我们被赋予了心魂取向这份礼物，因此能够通过我们如何与生命任务建立连接来分享这份礼物。对于从事与青少年和年轻人相关工作的人来说，心魂类型这个观点是一个尤其有帮助的架构，可以用在关于职业选择以及帮助提升自我意识的焦点对话。

这种与行星相联系的类型学源于鲁道夫·斯坦纳关于人类发展的观

点。我可以像伯纳德·立夫在他的著作《生命阶段》（*Phases*）[①]一样，描述这些基本取向而不提及这个背景。我选择不这么做，是因为对我而言，这个背景深化了我对这种方法的价值感。当今还有其他一些流行的关于人类性格差异的分类法，其中最出名的是迈尔斯－布里格斯（Myers-Briggs）性格测验系统，这是对于荣格思想的改编；还有九型人格学的几种不同方法，一种基于九元几何角度的观点。在这两个系统中都有冗长的调查问卷，帮助人们确定他们的特定类型或倾向。作为自我了解以及职业指引的工具，这些评估已经被证明对无数的个体很有帮助，我使用过这两个系统，并且很欣赏。然而，我发现自己更想知道的是，为什么它们会起作用，以及到底是什么力量参与进人的发展，从而创造了人类存在的不同方式。

我常想，任何可以让人们审视自己生命的类型学都提供了某种东西。这让我想起很多年前一位朋友出版了一本书，这本书是对曾经在20世纪80年代风靡一时的色彩四季理论（Color Me Beautiful[②]）分析的开玩笑的模仿。我朋友的书名是《发现你的调料，发现你自己》（*Find Your Seasoning，Find Yourself*[③]），它的分类是欧芹、胡椒、大蒜和姜。这尽管很幽默，却有效地描述出具有明显风味特征的人类行为。但如果这些

---

① 立夫，《生命阶段》第4章。立夫在《跨越界限的人》（*Man on the Threshold*）这本书中，进行了基于行星关联的阐述（第101–118页）；关于不同种类的更多细节描述，可参见李·思特金－戴（Lee Sturgeon-Day）自己出版的书，《工作小组的行星品质》（*Planetary Qualities for Working Groups*），在她的传记系列丛书（Biography Workbooks）中。

② 译注：卡洛尔·杰克逊（Carole Jackson），美国人，“色彩让我美丽”的创始人。她在斯坦佛大学艺术及心理学研究的基础上创立了“色彩四季理论”，专门解决人的自然体色与服饰色彩之间的搭配问题，1979年出版了最畅销的《色彩让我美丽》一书。

③ 希基与休斯（Hickey and Hughes），《发现你的调料，发现你自己》。

调料确实能描绘出我们存在方式中的某种原型，那么我敢打赌，一定也存在着外力——我称之为宇宙——它正影响着我们和那些调料。

现在我想要描述行星心魂类型，这些体现在生活兴趣和工作中的不同取向，是透过在行星领域中不同的品质涌现形塑而成。在尘世生命的很多其他方面，也可以看出不同的行星影响。例如，它们参与形塑和支持身体的不同器官，它们的影响也出现在树的种类中或者不同的金属、谷物、色彩，以及星期名字。深入所有上述关联超出了本书的范围，但我要向大家推荐它，这种深入研究是很令人着迷的。我们人类通过这些行星领域时都具有个体的轨迹，因此，在入世的旅程中，每个人都具有独特的天赋。当然，我们所有人在每颗行星领域中都被赐予了礼物，然而正是因为其中某一两个基本取向，我们生命的一部分变得丰富多彩。

研究者

具有很多土星力量的人拥有深深的好奇心。土星是最遥远的演变行星，受它强烈影响的人倾向于深入他们感兴趣的东西。他们对于一个问题会追根溯源，坚定探索欲望，搜集所有相关信息，来解答怎么样、什么时候、为什么。或许你认识的一位数学家，他多年来都在思索一个问题，又或者一位艺术家，他通过所有的艺术探索来追寻一个令人瞩目的思想。这两位都是研究者，耐心地考虑每一个角度，对新的灵感随时保持开放。这种终生的探索也可以是在科学、历史或者任何其他知识领域。具有土星力量的人追求终极真理，一种原型；他们的探索谨慎、持久且有序。土星在神话中被认为是时光老人（Father Time），手持沙漏——用一粒又一粒的沙，掌握着根源、整体以及漫长的演化过程。

在团队中，土星人提醒我们目标，敦促团队坚持正确的道路，“我们为什么这样做？”或者“那件事如何服务于我们的目标？”事实上，具有很多土星力量的人既不容易被团队工作吸引，也不是热情的小组成员。他们更倾向于分离出来，可能远离迫在眉睫的问题。土星人可能会忧郁、沉思，但是对探寻的投入与忠诚非常真实。尽管他们可能存在视野狭窄的问题，也并不总是最灵活的思考者，但他们却为执行任务带来了巨大的持久力。正是探寻之路本身使他们充满了内在热情。

思考者

具有大量木星力量的人就非常不同了。在古代神话中，木星是国王，拥有全方位视野的智者，纵览全局且具有整体愿景。有许多木星力量的人具有宽广的视野，能看到更大的体系，他们欣赏和谐以及在更伟大的秩序内事物是如何相互适应的。任何领域里的哲学家——思想、星辰、音乐、数学或者绘画——显示出木星对于概念、法律和逻辑的热爱。木星人通常都是比较糟糕的研究者，因为细节无法引起他们的兴趣；他们具有伟大的愿景和深层的意志，能看到在世界中正在发挥作用的更广泛的模式。那些被长期规划、系统理论或是机构和家庭结构所吸引的人都可能是具有木星取向的。

在团体当中，正是木星人能够从许多提出的观点中抽取线索；他们的视野位于高山之巅，能够寻找连接，从碎片中看到整体。有时候他们会陷入抽象或构思周密的理论中，反而远离了那些可以将事情完成的实际本质。他们假定别人会以某种方式来处理任何必要的细节。我先生每天都在提醒我木星的不同品质：他的工作与很大的社会及政治问题相关，并且他非常有天赋，可以将看似不相干的想法交织在一起；但是他至少每周要丢一次钥匙，或者忘记钱包放在哪里，并且每天都在房间里留下一连串他所经之处的线索。受木星激励的人一般都理想主义，这也能保护他们，让他们不太会把暂时性障碍或限制当回事。因为热爱意义，具有大局观，他们通常都是一些鼓舞人心的老师。

实干者

火星，这颗红色的星球以及神话故事中鼓舞人心的战争之神，给人类提供能量、主动性和有目的的方向，在这里，我们会看到组织者、企业家以及那些期待将想法付诸实践的人。受到火星激励的人勇敢、积极、有力量。他们不理论化，而是在真实、具体的情况下，感到要带来秩序、控制和重塑眼前的一切的冲动。有时他们可能会陷入功能性中，并且会冒失去更大目标的风险。火星人不一定会等待任何外在权威授权来对感受性需求做出回应。他们也不惧怕冲突；实际上，他们喜欢不错的挑战，并且通过阻力来成长。

火星人通常在团队中第一个发言。他们擅于表达，而且讲起来具有说服力。他们为看到的一切命名，并且“实话实说”。他们常常都是很优秀的公众演说家。尽管世界需要他们的主动性，但是他们的刚硬有时会令他人透不过气来。然而，他们的力量和动力仍然能够激励周围人的希望。他们工作努力，愿意承担困难的任务，并找到解决障碍的方法。

照顾者

如果火星人是演说家，那么金星人就是这个世界的倾听者。他们内在有空间去接受和支持他人，而且能够在心里安静地深思熟虑。他们本质的、乐于助人的驱动力可以创造出美丽、温暖和安全的环境，让生命在其中得以滋养与保护。当你走进金星人的家中，你会觉得受到欢迎，感到舒适。昔日沙龙创立者的画面：通常都是一位女士，她会准备一个空间，安静、专注地投入，并和蔼可亲地关注到细节，所有被她服务的宾客都能够滔滔不绝地阐述自己的观点。具有强大金星力量的人都倾向于从事服务行业，例如护理、园艺或者幼儿教育。他们知道如何做对生活本身有利。他们注重关系，而且关心他人的感受。

在团队中，金星人不仅倾听话语，而且也聆听情绪，当有人感到被忽略或被忽视的时候，他们对于未表达出的情感或时刻格外敏锐。他们对于他人需求的高度敏感偶尔会变成过度同情，甚至有时候变得过于多愁善感。金星人有无私的品质，尽管在承担过多工作时他们会落入殉难的感觉。受金星激励的环境都温暖且滋养。他们也可能存在变得过于有组织或者过度保护的危险；但在现代匆忙、功能性的世界中，作为一股平衡的力量，我们确实非常需要金星人提供的照顾、舒适以及对美的关注。

约翰·格雷（John Gray）那些关于男人来自火星、女人来自金星的畅销书，就是建构于与这两颗行星相关的性别模式之上的。但是对我自己而言，我感觉非常有必要谨慎辨识，这并非专门针对男人和女人。当然，火星品质中有更多男性的力量，金星特征中有更多女性的氛围；但是因为所有的男人和女人内在都具有男性特质和女性特质的方面，如前所述，那么将任何性别过密地关联在某一特定心魂取向都是错误的。尽管如此，能注意到这些特定的行星存在方式是多么彼此需要，那是很有用的：演讲者和倾听者彼此信赖，才能给予对方最好的。世界的开拓者都需要那些能够滋养他们思想以及提供支持的人，受到精心照料的地方才能让新的运动在其中蓬勃发展；反之亦然。

创新者

在宇宙中，木星具有与水星相对应的品质；每一位国王都需要他的小丑或者弄臣来平衡他自负甚至是自大的倾向，为当下带来幽默、现实主义以及社交艺术。作为一个神，墨丘利（Mercury）受到水手、商贩、赌徒以及小偷的膜拜，任何处于运动中的事物都会寻求他的保护。古希腊人将他称为赫尔墨斯（Hermes），众神的使者，他用他那长着翅膀的双脚在地球与神圣世界之间传递信息。水星人喜爱在人们之间建立连接，因此他们多是很有技巧的沟通者以及充满活力的销售人员。医学专业人员通常使用墨丘利节杖（caduceus），上有翅膀和缠绕上升的两条蛇，一种有意志通过恢复平衡来进行疗愈的强有力的形象。墨丘利节杖如此使用确实算是机智善变的权略，因为传统的医学标志是阿斯克勒庇俄斯（Asclepius）的神杖，上面仅有一条蛇。水星人永远适应性很强：如果完成任务的一种方法没起作用，那么他们随时准备尝试另一个想法。水星的影响能在那些为当下具体事情带来实用的聪明才智的人身上感受到；在事件停滞的时候，他们会讲一个故事、一个笑话或来一点刺激，或是换另一种看待事物的方法。

水星人热爱实验，热衷地认为改变是好的，透过这些他们会在关系、团体、社群或者更广泛的社会秩序方面带来创新。他们做事快速、讲究艺术性且有洞见，并且，在“多任务操作者”这个概念还不存在的时候，他们无疑已经是这样的人了。金属汞，或者叫水银，是一个缺少固定或者固化形状的完美形象。水星人有时候对于运动的热爱太多或者太快会造成混乱，给他人而非自己的情况带来更多的问题。有时受水星影响的人似乎只是掠过事物的表面，或者会用某种超道德方式来施展诡计。但是他们基本的同情心，一贯的机智和在现实情况下强烈地服务于发展的愿望，总是能让他们带来生机，为新的可能性提供希望。

记录者

月亮比任何其他行星都更接近地球。她具有与遥远的土星相对立的极性：土星让我们记得很久很久以前的起源；而月亮日复一日地反射着太阳的光，掌管着潮汐以及地球上与繁衍和生长相关的其他重要节奏。具有很多月亮力量的人都知道节奏的重要性，并且倾向于收集、保存和反思日常生活中发生的事件。他们深深地崇敬过去、规律以及传统。他们总是想要抓住已经发生的事件，这欲望使他们成为优秀的档案员、历史学家、图书管理员、簿记员或者记者。他们愿意去维护、复制和支持生活常规的意志可以促使他们进行有规律的行政活动。对于统计资料、家庭事件或者办公室工作，他们可以拥有一种百科全书式的记忆，而且他们常常是维持现状的坚定捍卫者。收藏家，以及那些对衣服、报纸文章、古董或者纽扣具有自然回收倾向的人，都以他们的生存方式显示出月亮的影响。

在一个团队中，具有很多月亮力量的人会自然地成为评论员和评估者："让我们一起来回顾一下今天我们所做的事情。"他们喜欢集体习惯、仪式以及做事方式的规律性，在采纳新观点时也能有序、慎重。有时他们可能会陷入过去，陷入一直以来做事的方式，但是他们能够提供的记忆基础往往都稳定且有支持性。如果反思变得僵化，过于客观，或者只是更具操作性而非鲜活，那么月亮的冷漠有时会成为一个问题。然而，受月亮激励的人能够进行大量的反思，从过往中忠实地收集和保留住生动的线索，都是为了在现在和未来要用时能够提供出来。

创造中心

太阳是我们宇宙的中心，它照耀着每个人的心灵。太阳区域是我们生命与生命之间至关重要的旅程，我们都被它的温暖和光明所护佑。与其他心灵取向相反，本质上没有太阳这个类型；但是具有很多太阳力量的人更加能够用具有创造性的方式，去使用其他行星带给他们的天赋。太阳给其他存在方式带来艺术性；它使得其他品质能够闪耀，在世间变得卓有成果。阳光的人散发着创意的光芒，并且可以照亮他人。

我经常想起那些具有强大太阳力量的人，我称之为“关系能力”；在社会环境中，他们在人与人之间编织着光，给不同的方面带来平衡的力量。他们放射着热情、善良和宽恕的光芒，温暖地引出他人的兴趣和参与。有太多事物让我们的现代生活暗淡无光，正是那些充满太阳光芒的人们，帮助我们从过去的束缚中跳脱出来。他们拥有自由感知所需的能力，并且能够启发迈向未来的新步伐。

我想再次重申，每个人都从不同的行星领域获得不同的天赋与能力。但是，可能你会感觉到你更加自然地展现出其中一两个乃至三个领域的品质。当然，气质类型也将这些心魂取向的表现渲染出不同色彩，但是你可以尽量去体验这些不同的类型是如何应对你行为中截然不同的方面的。你是否能看出一个具有很多火星力量的人与一个胆汁质人的区别？你是否认识一个粘液质人，但是表现出火星的影响——一个沉着稳健的企业家，他可以有条不紊地完成工作？一个具有很多金星力量的多血质人表现出与具有金星天赋的粘液质人有哪些不同之处？一个具有诸多月亮影响的抑郁质人与一个受月亮影响的胆汁质人会有多么不同？请允许你的感知无限畅游，搜集那些看似截然不同的现象。认真感受你遇到的每一个人那美妙的独特性，千万别轻易将一个人固化在一种气质类型或者一种心魂取向之中。

如前所述，通常心魂取向在我们的工作生活中比较显而易见。当然，拥有任何心魂类型的人都可以在任何领域工作；但是在一些心魂品质无法得以完全施展的领域中，有些工作确实容易变得无聊或者令人沮丧。很明显，具有很多土星特质的人在大公司里做接待员很可能不开心，木星人做档案管理员也不会散发光芒。同样，水星人很难一整天在会计办公室统计数据或者研究数字懒得活动。具有很多火星特质的人去做养老院的助理会备受挑战——除非他或她能重新改造储藏室，并且设计出一种更加有效的分发饭菜的方式。

观察不同倾向的人在共同的职业领域内如何工作是件非常有趣的事情。例如，在我任教多年的小学院里，对于有些同事来说，通过不断的研究来深化科目学习是至关重要的；而有些人对于统筹大局去改善课程更感兴趣，并且致力于如何将不同科目关联起来。因此有些人愉快地承担对整个学院有益的复杂项目——例如监督建筑工程，而其他人却深入地照顾学生日常生活的品质。有些人的兴趣在于开展校友聚会，并且开心地举行学院传统活动，例如开学或者毕业典礼；而有些人却能不断地在关于市场和公关方面献计献策。我们都致力于成人教育，共同承载着学院的发展；除了履行我们的雇佣职责外，我们分享自己不同天赋的自由，使得整个学院成为一个对于教师和学生，都更加丰富、更具创造性的地方。

28 岁至 35 岁

在行星领域绕了一个水星式的弯之后，现在我回到年轻人的话题，他们在 28 岁左右时正从诸多挑战里熬出来。一位 29 岁的姑娘带着一种非常特殊的情感表达了她进入下一阶段的变化："我感觉现在似乎需要重新思考一切。"在这下一个阶段中，我们的注意力确实更多地转移至如何思考人生，不像原来二十几岁时的重点是如何感受一切。现在我们可以稍微从体验中退后一步，更加客观地反思我们将何去何从。

正是在这些年中，智性心或者理知心在我们内在得以发展。关于心魂的这个方面，鲁道夫·斯坦纳使用的德文词是 Gem ü ts-Seele，没有哪个英文对等词包括智与心两方面的内涵。我提到这一点是因为理知心包含的内容多过单纯的智力，它同样包括一种情感知觉。随着“自我”逐渐地重新作用于以太体发展的遗留问题，尤其是从 7 岁至 14 岁，智性心现在开始使我们通过思考获得更深层的理解力。当然，其中的挑战就是我们的思考应该保持活力与更新，而不是充斥着陈词滥调、呆板过时的想法。

如果小学时期为我们提供了充满生命的学习体验，那么在进入 30 岁的时候，我们将受益从而拥有灵活的思维；如果那些年里我们是在对学校千篇一律的教学感到枯燥乏味中度过，这时想要唤醒充满激情的新生力量就需要去面对诸多挑战。我们游戏时间的品质——是在大自然中，还是在屏幕前，以及家庭生活习惯，这些如今都会产生微妙的结果。但是永远不要忘记，我们现在可以积极地使用“自我”，能够选择将兴趣、改变以及平衡带入早些年被忽视或者有压力的地方。作为成人教育者，我最大的乐趣之一就是看到人们敞开自我，继续学习，在这个过程中不断地去克服源于童年的局限。

我自己也有过这种经历。十岁的时候，合唱团老师建议我只需动动嘴唇，而不用真唱。那以后，我就完全失去了对音乐的兴趣。我还曾经偶然听到我的钢琴老师告诉我妈妈，让我学钢琴是浪费钱。当时似乎没有希望了，所以我不再做任何尝试。后来我也给我的孩子唱过摇篮曲，但是我一直觉得自己没有任何音乐天赋。我三十多岁的时候，我冲动地问了我女儿的钢琴老师是否愿意给一个没有天赋的成人授课。她非常友好地让我第二天下午去她家，于是开始了一场痛苦、但最终成为对治童年压抑经历的美好疗愈。这些年里，很多教师会议开始前的合唱更进一步地帮助了我。我不能说自己已经变成了一个特别优秀的音乐家，但确实真的跨过了人生道路上的一块巨石，并且开始充满感激地享受、参与音乐创作。

从28岁至35岁这个阶段有时被称为“组织阶段”，因为在这个时间段，计划会引起我们注意。这可能表现在我们规划职业生涯，或者表现在我们有欲望去看看自己是否能应付一项贷款，或如何可以过一个特殊的假期；或是表现在我们开始考虑是否或何时生个孩子。在人生的这个阶段，我们很自然地相信，良好的规划会带来合理的希望。我们每天带着规划簿走来走去，提前三个星期就跟朋友定下午餐约会；而二十多岁的时候，这样缺乏自发性会让我们感到非常繁琐。

或许经过二十多岁情绪起伏的阶段后，现在稳定下来，建立事业，追求不同的人生目标，我们会为这些感到很兴奋。我们分析相关事实，通常能够使用逻辑来做出决定。实际上此时我们会觉得自己像成年人，需要有一番作为！我们按照日程安排来生活，任务列表和生活都安排得很满。那些做父母的人，你们是否还记得你们什么时候开始与孩子谈论“有品质的时光”？这种区分的观念是这个阶段非常明显的特征。

通常这是一个健康、稳定的阶段，但是随着时间的逐渐推移，我们会开始感受到被生活的现实方面所消耗着。我们曾经欣然接受的理性和秩序创造了太多的责任，这也会让人觉得像固定的程序。我们也许会开始怀念20岁的戏剧化与激情。处于长期关系的人会感到自己被各种角色以及家庭生活的要求所束缚。随着时间的流逝，我们或许体验到我们的行为陷入一个形塑得很好的模式里。33岁左右呼应的是孤独、迷惑的9至10岁的时光，因此格外具有挑战性。我们可能会对于充斥每日的所有需求和世俗钱财感到责无旁贷，因此被物质生活所吞没。

对于很多女性而言，这个生命阶段的后期以及下一个阶段可能会变得尤为具有挑战性：我们如何平衡自己内在女性特质和男性特质这两个方面，如何在尊重对于关系和家庭的愿望的同时，也能够照顾到透过工作来表达自我的同等需求？我这一代见证了开启女性事业机遇的过程，这在过去对女人来说几乎是不可能的，正如记忆中我们的妈妈都是在家里。女性能任意想象自己的人生，就这个方面来说，过去四十年发生了很大改变；然而健康的关系依然需要时间和精力，而且孩子仍然需要从充满爱的父母那里获得呵护和能量。在这几年里，想“拥有一切”，并且所有的在同一时间发生，这样的愿望会让人感到非常有压力。

刚刚萌芽的事业是否允许我们把时间花在亲密关系上？孩子怎么办？我可以等多久？如果我正处于不稳定的亲密关系中怎么办？我是否应该选择去做单亲家长？当然，进入这个阶段时很多人已经育有孩子了；但是对于那些还没有孩子的人来说，这些问题将越来越紧迫地从内在凸显出来。我有位朋友，她在整个这一生命阶段中都在讨论是否要生个孩子，一直希望为这个明显不是单纯的理性问题找到一个理性的答案。当然，男性也可能会努力去平衡自己女性特质和男性特质这两方面。实际上，很多年轻男性已经开始承担家庭责任，这对他们的父辈来说是不可想象的。可能他们现在是家里的大厨或者更多地参与孩子的日常生活。然而，以我的观察来看，在这些年里，平衡对他们来说，更多是一个外在问题，可能是由女性朋友给他们带来的意识。对男人而言，真正内在对这种平衡的需求通常在这个生命阶段的后期才会到来。

当接近 35 岁，这个生命阶段的末期时，我们正经历着一生中入世最深刻的时刻。我们已经完全来到这尘世，物质生活的重量和拉扯会非常强大，尤其是在这物欲横流的文化中。35 岁同样也是一个转折点，原来引领我们物质身体生长的建构力量逐渐开始撤离。我们会从内在开始思索，在自己所知的世界之外，生命还会有什么，或者超越俗世的“自我”的需求之外，或许还有什么正在召唤。

35岁至42岁

我想从喜欢的一位诗人——威廉·斯坦福德（William Stafford）的诗歌开始来看下一个人生阶段。我是在一份通讯中第一次读到这首诗，那时不到30岁，我把它剪了下来带在身边很多年；但我觉得直到30岁后期，它更深层的意义才真的开始在我内在回响。

读给对方的仪式

如果你不知道我是怎样的人，
我也不知道你是怎样的人，
别人创造的模式可能会盛行于世界，
跟随错误的神回家，我们或许会错过自己的守护星。

因为心里存在很多小小的背叛，
耸耸肩膀，让那脆弱的序列破碎，
大声喊出童年可怕的过失，
奔流涌出，冲破堤坝。

如同大象巡游需要彼此牵着尾巴，
但如果一个人徘徊，马戏团就找不到公园来表演，
我称它为残忍，或许一切残忍的根源，
是知道发生了什么，但却不承认事实。

所以我请大家注意一种声音，一种模糊的东西，
所有语者内心一个遥远、重要的区域：

尽管我们会相互欺骗，但我们必须思考——
以免我们共同生活的队列迷失于黑暗中。

因为醒人者自醒极其重要，
或许打破界限会阻止他们陷入沉睡；
我们给出的信号——是或否，或许——
应该清楚：我们周围的黑暗非常之深。

——威廉姆·斯坦福德，《我们周围的黑暗非常之深》

当发现斯坦福德是在 39 岁写出这首诗的时候，我丝毫不感到意外，这也是我正在阐述的生命阶段。在这首多层次意象的诗歌中，表达了意识心的状态，我们心魂生命中的这个部分现在正得以深化。我在前文提到过，全人类都正处于发展我们人类本质这个方面的过程中。我们正处于一个关键的变化边缘，前方的路是透过我们的个体觉醒和努力——超越他人给出的模式，逐渐了解“我是怎样的人”以及“你是怎样的人”。然而，也存在一种清晰的驱动力，想要用新的方式与他人一起工作，“以免我们共同生活的队列迷失于黑暗中”。这正是意识心阶段的一部分，曾经定义我们身份的传统分类，如家庭、种族、宗教或者社会群体，这些不能再继续影响我们。这既是解放，也是孤立。即便我们个体性变得更强，也仍能感受到对来自内在和周围的自我责任心的抵抗，并通常会渴望仍然依附于曾经支持过我们的群体意识。极端的表现可见于持久的种族和宗教冲突，它掩饰了更深刻，但希望最终会更强大的新兴的全球兄弟姐妹情谊。

因此我们会感受到周围的黑暗确实非常之深。正是这种每个人内在正在觉醒的意识心将引领我们前行——个体以及集体——进入一种人类连接的新感觉，从而更进一步迈向真正的灵性意识。作为一种全人类的发展，根据鲁道夫·斯坦纳的观点，意识心时代只是这条路的三分之一，起始于15世纪初，并将持续2000多年。这或许有助于解释在我们的时代如此普遍地有种生活在悬崖上的感觉，尤其是在35至42岁这个阶段。①

从35至42岁这些年，“自我”正重新作用于0至7岁我们经历的遗留问题，其中多数已超过我们有意识的记忆。如前所述，幼年里通常充满压力，无论是来自我们家庭情况，还是现代教育实践、食物、媒体或是快节奏生活的过度刺激。现在，“童年可怕的过失”事实上会用各种伪装的方式涌现出来——深深的孤独，意想不到的困惑与不安，自我怀疑，以及出人意料的新恐惧。我还记得在20世纪80年代中期，“内在小孩”（inner child）运动开始流行起来，这种对疗愈童年创伤的关注，正是产生于第一波婴儿潮的成人进入生命的这个阶段。

在这些年里，我们还前所未有地经历曾经做过的选择、行为和妥协的结果。未来不再感觉是开放的，我们或许也会疑虑前方是否仍有实现梦想的空间。一个艺术家朋友回想起那时很多紧迫的责任仿佛吞噬了她的创造力，她用这样的措辞表达了当时内心的混乱：“难道我注定一生都是平庸的中产阶级吗？”

在这些年里，我们也同样意识到体力不如从前。爬一座小山或者感冒痊愈都需要比以前更长的时间，而且突然间报刊里的小字看起来似乎更小了。如果我不再具有年轻的活力，那么我是谁？我能否接触到一些更真实、更核心的自我意识？我青春期的孩子无情地指责我是伪君子，

---

① 斯坦纳在很多演讲以及他的主要著作《奥秘科学大纲》（*An Outline of Esoteric Science*）中，有关于意识演变的这一主题更广阔的探索。

我真的是吗？或许我的伴侣也同样举起一面苛刻、贬抑的镜子。

所以我尝试新的锻炼计划、新工作、新车或者新的亲密关系，这些可能正是我需要的东西。关键问题是，我寻求这些是为了逃避自我认知和责任，抑或走向它们是为了尽我所能地在前进中学习。在这些年里，我们的意志格外受到挑战，更明确地说，是我们更加有意识进一步发展自己的意愿——正在做的一切是我真得应该做的吗？很多人在这些年里会开始关注内在层面，并且最后会真的开始一种内在练习——现在不再是作为一种有趣的可能，而是作为一种生存需要。

这些年并不总是轻松的，但确实引领我们去体验现实主义的价值。实际上，到了这个人生阶段，关于成人意味着什么，我们已经了解了很多，而且通过自己的努力在所取得的成就中认识自己，这会让人感到非常欣慰。正如一位学生所说："或许我觉得自己身处黑暗森林之中，但现在我知道我能穿越它。"我们与真正对自己重要的事情有了更多连接，可以选择不那么容易被外在要求和他人的意见所影响。正是使用了意识心，我们知道自己是潜在的自由个体；这种自由不是永远随心所欲做我们想做的事情，而是即便生活纷繁复杂，我们内心也有充分的自由拥有自己的人生。有了这种自我接纳，我们就可以期待着有更深层面的自我决定。

在这个年龄我们学会认识矛盾，并且极具挑战地需要跳脱二元对立、非此即彼的思维陷阱。彼此冲突的感受都可以是正确的：孤独与连接、焦虑与信任、自我怀疑与平静希冀。通常诗歌意象比确定性语句更能表达我们所体验到的这种模棱两可的感觉。唐纳德·贾斯蒂斯（Donald Justice）在下面这首诗中，对于人生中的这个阶段说了很多：

男人四十

男人四十，

学会轻轻地关上，
他们不再回去的
房门。

在台阶小憩时，
他们感觉它在移动，
下面好像船的甲板，
尽管波浪徐缓。

在镜子深处，
他们再次发现，
那个偷偷练习打父亲领带的，
男孩的面孔。

那父亲的面容，
依然泛着泡沫神秘的温暖。
他们现在更是父亲而非儿子。
有些东西正填满他们，
有些东西，很像暮色中蟋蟀的声音，

无边无际，
充满山坡脚下的树丛，
就在他们抵押房屋的后面。

——唐纳德·贾斯蒂斯，《夜光》

练习：自我反思

反思 21 至 42 岁期间的每个人生阶段。尽量生动详细地构建真实事件和人物画面：

1. 在那些年里你是否经历过转折点？促成这次改变的外在或内在情况是什么？它是怎么发生的？其他人参与了吗？这件事在你内在唤起了什么？通过这次经历，什么进入了你的生命？

2. 在不同阶段你如何作决定？你是怎样制定计划的？你是怎样解决困难或者适应意想不到的现实的？

3. 当时对你来说特别重要的人是谁？那些年里，什么样的关系对你最重要？在你不同的关系中，它们的品质怎样？

4. 那些年让你学会了什么？你如何面对以及（或者）避免呈现出来的、不断发展的自我认识？你是否识别出自己特定的“人生课题”？它们如何显现？你又是如何回应的？这些课题又是如何发展的？

第二个月亮交点

在这个生命阶段的中期，第二个月亮交点会出现。正如前文中所提到的，这是一种十八年半的规律，太阳、月亮和地球呈现出与我们出生时同样的关系。在 37 至 38 岁期间，我们可能会经历与基本人生意图相关的重要开与合。我们的人生可能会发生出人意料的转变：或许会移居，或者开始新的学习或工作，或者重要关系发生改变。我们正处于生命中非常世俗化的时期，然而通往我们最深层灵性目标的通道在此刻微微开启。这在有些人身上会呈现出一种令人不安的断裂感，而对有些人来说则带来一种重要的确定感。

我以前的一个学生，她意识到她就是在这个年龄开始了华德福老师的职业生涯。她还回忆起，作为华德福教育研究生刚刚毕业的她，在自己的第一个月亮交点时，曾设法申请参加华德福教师培训计划，但却被告知先去其他地方学习和工作。在这几年期间，想要从事这种教育的愿望被学习、工作和家庭盖过了，直到她第二个月亮交点时，它才以全新的力量和希望再次出现。

在下面这首诗歌里，W.S. 默温（W.S.Merwin）让我们看到一种意象，在走向衰老的过程中，困惑在这个月亮交点进入我们的意识：

在我 38 岁那年的冬天

说“当我还年轻时”听起来毫无说服力，
尽管我一直猜想成为现在的我，
那会是什么样。
现在看起来还一点都不老，
依然离自己很远。

走在雾和雨中，什么也看不见，
我想象所有钟表都已在夜晚死去。
现在没人看，我可以选择自己的年龄了。
我认为应该更年轻，所以其实我老了。
在手边的事情我能够应对，
除非有些我想做得不同，
它们不断来临，它们就是我，
它们只教了我一点点，年轻时我不知道的东西。

我现在的年龄可能没有任何问题，
而是我如何长成这把年纪，
就像我在年轻时不断推迟的一件事。

这不是言语的问题，
就因为它只是借自己，
给我使用而已。

当然，这也不是星辰的问题，
它是我在其中的虚空，
当它们渐行渐远于看不见的早晨。

——默温，《迁徙》

这里还有一个例子，有人在这个月亮交点听到召唤，敞开自己，重大人生主题初露端倪：歌德37岁时，在一个半夜偷偷溜出他生活的德国，他踏上了去意大利的旅程。在路上他曾在日记中琢磨："我能否学会用清晰、新鲜的眼光来看待事物？……旧有的思维习惯能否消除？这正是我要努力去发现的。"[①] 正是在这次旅行中，他首次酝酿了原型植物的想法。后来他回顾"当可以预先瞥见，整体而言后期越来越多的细节均以早期发展的方式表现出来时，那感受到的热情……我被这种想法吸引和驱动，即便这不是唯一的事情，我也注定为此忙碌余生。"[②]

① 歌德，《意大利之旅1786—1787》（*Italian Journey* 1786—1787），第21页。

② 歌德，《歌德植物作品》（*Goethe's Botanical Writings*），第162页。感谢克雷格·霍尔德里奇（Craig Holdredge）为我指出歌德生命中的这个时期。

当写21至42岁这一章时，我正在探望生活在毛伊岛的儿子斯蒂芬和他一家。我每天早上写作时，看上去就是白色覆盖的海洋，闪闪发光，远处岸边是暗色山脉，两者之间生出许多形状不一的绿色，蓝天仿佛点缀着棉花泡芙。除此之外，因为我处在这片天堂岛的北岸，早晨时还经常有晨雾，海洋与灰色天际相接，山脉仿佛消失了，树木变成一片模糊的暗色。我努力回想在这里有些什么我所熟悉的，但当时晨雾面纱很厚。随后面纱慢慢掀起，我又再次清楚地看到这个阳光照耀的世界。这瞬息万变的场景让我想起生命夏季的这些年：当一切事物清晰闪耀时，我们的生命充满意义，当我们无法理解笼罩前方的迷雾时，我们会感觉失去方向；有炎热太阳彻照的时刻，也有沉重面纱覆盖死寂的岁月。当然也有像在毛伊岛这里，神奇彩虹拱于头顶的日子，每次都让我惊喜万分——生命中闪亮的彩虹桥透过面纱显现的神奇间隙，都在招引我们去了解超越尘世界限的另一个世界。

第 7 章

秋季光影：42 岁至 63 岁

在接下来的这 21 年中，我们很有可能会，或至少收到这样的召唤，去体验照耀“内心世界空间”的秋季之光的明晰。但如果不付出努力，这将不会发生；如果我忽略自己的内在新出现的呼唤，衰老的阴影将开始主宰我的人生。我现在是否能感知到生命的内在本质？我是体验到永恒自我的生机与活力，还是感觉像是一种内在新生？我是否认识到自己有潜力，或实际上是有需要，去唤起灵性的觉醒？还是比以往更被生活的物质方面所笼罩？

从上述问题的角度来看，42 岁这个点是两种不同道路的分岔口。成长为一个完整的人并不是必然的。如果不能更深地自我反省，我将无法发展为有责任感、有道德的人。我的自我认同越依赖于身体的实际情况、在世界中的权力、物质上的成功和财富，我心魂 / 灵性的潜力将越被束缚于物质身体上无法避免的衰退。但是我也有内在变得更加自由的可能性，在内心实相的新空间中了解我自己。如前所述，我们面对的转变时刻并不是只有这一次，未来几年将持续地鼓励我们去唤醒更大的内在专注力，即便拒绝改变的惯性也随着时间的流逝变得越来越强大。

生命的第一个 21 年致力于准备我们的身体，使之成为一个适合承载永恒的“自我”的容器。在第二个大的人生阶段中，我们的心魂有机会得以深化与成熟。现在，从 42 岁开始，我们就需要努力发展灵性了。鲁道夫·斯坦纳谈到在人类本质中三个尚未进化完全的更高层的鞘或者“体”，他指出，在这些年里，我们为未来发展的可能埋下种子。从 42 岁至 49 岁，“自我”致力于星芒体的转化，有朝一日它会展现为“灵自我”（Spirit Self）；从 49 岁至 56 岁，对以太体的改造预示着未来的“生命灵”（Life Spirit），从 56 岁至 63 岁，为“灵人”（Spirit Body）铺平道路，这涉及到关于物质体的蜕变（metamorphosis）。①

之前我提到过，“正在演进中的人类本质”这个视角，属于“人类意识演进”这幅更大的图景，这个观点也是斯坦纳关于人类的论述的核心。对我个人而言，“正在演进中的意识”这个概念仿若启明星，照耀出地球上生命奥秘的意义。如前所述，人类现在处于意识心时代，无论是个体还是群体，我们都正在达成人类心魂中新的一面。因为这还在一个“正在成为”（becoming）的过程中，所以我们无法依赖之前在人类历史更早纪元中发展出的东西；我们确实是处在日益生长的边缘，需要自己将这一部分活出来。这便是四十多岁呈现出转折的大背景：灵性的觉醒不会自动发生，而是我们每一个人都被召唤着走上内在关注与修炼之路。

当我说到内在或者灵性觉醒时，我的意思并不是将它狭隘地定义为如何显化或练习。有些人的灵修生活是基于传统的宗教修行，有些人则造就一条非常个性化的道路来进行有意识的内在修行。一个人的日记、音乐、园艺或者绘画，同样是打开生命不可见维度的宝贵方式；

① 译注：关于“灵自我”、“生命灵”、“灵人”以及它们的转变和特征，请参见斯坦纳《神智学》第 1 章。metamorphosis 也是人智学中的重要词汇，意为“蜕变、嬗变”，指人类演化过程中形态的转变。

对另一个人而言，一次疗愈性体验也是灵性的确认。我那不可知论的母亲对灵性语言“过敏”，但实际上，在她的教学、园艺、社区服务或对社会正义关注的行为中，比很多终身去教堂做礼拜的人更具有灵性警醒的结果。冥想、祈祷、内观以及有意识的崇敬，所有这些方法都可以帮助人们更负责地投身于这个世界和自己内在神圣的并正在发展着的东西。

威廉·詹姆斯（William James），19 世纪末期美国有声望的哲学家和早期心理学家，在一次“与教师的谈话”（*Talks to Teachers*）中，提到了查尔斯·达尔文（Charles Darwin）关于“萎缩症”（the atrophy）的名言——如果不使用，欣赏艺术的能力将会衰退。詹姆斯清楚地说明，专注于高层灵性本质的习惯必须通过实践练习，在下面这个例子里是通过诗歌、音乐和其他艺术。艺术，作为通往灵性的桥梁，可以丰富我们的生命；但随着步入中年，如果我们不加以注意，就会失去艺术这个桥梁，而作为人类的我们也将因此而衰退。

> 在达尔文的简短自传中，有一个段落经常被引用，因为它与我们要讲的关于“习惯”的话题相关，我现在必须再次引用。达尔文说：“直到 30 岁或 30 岁以后，很多种类的诗歌都给我带来极大的乐趣；即便在我还是个学生时，就已经非常喜爱莎士比亚了，特别是历史剧。我也说过，以前绘画作品给了我相当大的愉悦，音乐也一样。但现在，很多年来，我甚至无法忍受去阅读一行诗歌。最近我尝试着去读莎士比亚的作品，但是发现它是如此难以忍受的无聊，以至于让我觉得恶心。我也几乎失去了对于绘画作品或者音乐的品味……我的心智似乎已经成为一种机器，从大量搜集来的事实中‘研磨’出一般性法则。但是为什么这必然导致更高品位所依赖的那一部分

大脑单独萎缩呢？我无法想象……如果能够再活一次，我将制定一个规则，至少每星期读一些诗歌，听一些音乐；通过使用，可能我现在已经萎缩的那部分大脑还可以保持活跃。失去了这些品味是一种快乐的丧失，也很可能损害智力；并且，因为削弱了我们本质中情感的那部分，也更可能损害我们的道德品质。”

年轻时，在起破坏作用的事物削弱我们之前，我们都有意愿成为一个真正的人。我们希望和期待着一直喜爱诗歌，对绘画和音乐有越来越多的理解力，与灵性和宗教思想保持连接，甚至不让自己的观点落后于这个时代伟大的哲学思想。我们看重这所有的一切，我指的是年轻的时候；但是，又有多少人到了中年时能够真的实现这样一个诚实而又乐观的期望呢？当然，在相对少数人中可以，并且习惯法则告诉了我们这是为什么。对这些事情的兴趣，在特定年龄发生在每个人身上；但是，如果不用适当的物质去坚持“喂养”它，那么它非但不会发展成为一种强大和必然的习惯，反而会衰退、死亡，被日常食物带来的相反兴趣所扼制。持续地忽略我们这里谈论的必要实践条件，我们就让自己变成达尔文说的消极方面。我们抽象地说：“我当然打算要欣赏诗歌，从中吸收很多东西。我完全想要去保持对音乐的热爱，去读能给我这个时代思想带来新转折的书籍，去让我更高的灵性层面保持鲜活，等等。”但是我们没有具体着手去进行这些事，而且我们也没有从**今天**开始。我们忘记了“不积跬步，无以至千里”。我们一推再推，直到那些原本乐观的可能性慢慢消失殆尽。然而每天十分钟的诗歌、灵性阅读或者冥想，每星期一两个小时音乐、绘画或者哲学，倘若我们**现在**就开始，不找任何借口，这必然会在适当的时候给我们所有的渴望带来圆满。忽视必要的具体努力，吝惜我们每天应付的“小税”，那就是在积极地挖掘坟墓，埋葬我们迈向更高层次的可能。[1]

双重性（Double）

对更深层自我意识的召唤，其中一个方面与一种日益明显的经验相关，鲁道夫·斯坦纳将其称之为“双重性”。当步入中年，我们自己阴暗的面向开始持续紧迫地敲击我们的意识，显现在各种各样无耻的行为中。事实上，这种双重性在我们生命的前一个阶段就开始用从未有过的紧迫方式唤起我们的注意。随着意识心开始在内在活跃起来，我们更能够感知到自己身上双重性的显现，这种不请自来的、证明我们有待发展的迹象，可能会带来不安，甚至震惊。我们是否能够面对自己这些令人不安、未被救赎的一面？抑或我们对这不断更新的需要成长的召唤避之不及？

双重性的概念很复杂。在心理学发展的众多观点中，卡尔·荣格（Carl Jung）关于阴影的论述为这个令我们感觉费解的主题作出了重要的贡献。双重性可以从众多角度去深入思考，而这超出了本章的范畴。[2]特别需要关注的是，当进入中年阶段时，只要是身体和心魂体验“自我”没能作用到的地方，双重性就会显现出来。双重性属于我们，如果我们愿意严肃地对待自己的发展，那它就会成为一位伟大的老师。它显现出我们存在中尚未转化的方面，我们无意识的习惯，未加注意甚至是堕落的行为方式。其中大部分是这一世积累的，有些是作为命运学习的一部分伴随我们而来的。人到中年，它便开始浮现在我们的意识里，要求我们给予关注。双重性是我们的一部分，而非犯错时去责怪的某种外力；然

---

① 詹姆斯，《与教师关于心理学的谈话》（*Talks to Teachers on Psychology*），第 25–36 页。

② 更多有关双重性的内容可参见立夫《跨越界限的人》，第 8 章。同样参阅李·思特金–戴的传记系列作品中的《双重性麻烦》（*Double Trouble*）也会有所帮助。

而，尽管它对我们真实的发展有用，它并不是我们更高层自我的一部分。

关于双重性日益增长的力量，我有这样一幅画面：在这些年的人生经历中，我经常遇到一些不能接纳自己的事情，或者不愿意去努力的事情，打个比方来说吧：我把它们都踢进了床底下。在30岁后期，床底下的空间已经堆满了，里面的东西开始往外冒，里面积累的一些"东西"开始抓住我的脚踝，要把我绊倒；也不再有任何空间让我能继续硬塞进去。到了必须做清理的时候了，对自己的发展承担起责任，去面对一些自己未消化、未救赎或者仅仅是令人讨厌的那部分。

在什么样的情形下我们会遇到自己的双重性呢？你是否有这样的时刻，你感到深深的羞愧，或者当你对于一次反应、一个思想、一种行为或者一次判断感受到内心的后悔？你想知道刚才是谁在作为。善良真实的你去哪儿了？这种良知所产生的剧痛通常表明我们的双重性在发生作用。你聆听这讯息了吗？还是拒绝它并向外投射你的痛苦？可能你有一些固化的习惯，例如拖延、虚荣或者搪塞，你以某种方式安住于这种状态中并替自己辩护。所以当别人说"你总是……"或者"你永远不会……"时，你立即回应，即使只是在内心说"我才不是"……傲慢或者空虚，胆怯或者懒惰……？你甚至会对这种误解愤愤不平，但会不会是对方正体验着一些你已经发展出免疫力而无法分辨的东西？这些东西好像是一层厚厚的外壳，掩盖了你最美好的意旨呢？

在我们的关系中，例如家庭、工作或者衍生家庭，通常在这些地方双重性尤其活跃。在长期的亲密关系中，两人之间的双重性存在着一种微妙的同步性。当自己的双重性开始侵入意识，我们可能会抗拒承认它是我们的一部分；那么在这个过程中，我们反倒变得更能够精准地"调频"接收到对方的双重性。对方曾经吸引我们的特质现在展现出阴影的一面。比如，可能以前我看他是如此聪明、深入思考；现在我真正看到他是一个自负的万事通。或者她以前看起来是那么迷人和机智，但是现在我体验到的是她肤浅的自以为是。

与伴侣、同事和家庭成员间很容易陷入对对方的假设，以及进入无意识的互动习惯。你是否经历过，在跟某个人反复争论时，你的高层自我部分可以想象两人离开房间，去户外愉快地散步，而两人的低层自我部分依然进行着习惯性的争吵？你完全清楚它会如何进行，如何结束；然而你却陷入了一种负面的能量场。我们的双重性就在这里起作用，唯一能够摆脱这种没完没了轨迹的方法，就是我们的“自我”需要醒过来，做一些截然不同的事情。要抵挡我们自己双重性所具有的力量会很困难；此外，对方的双重性可能也试图阻碍我们引入的任何改变。但是无论何时，只要找到力量去直面双重性，它们就会失去掌控我们的力量。然后也许我们会在自己和他人受困的地方找到更多的同理心，并为共同发展的旅程找到更多勇气。一点点幽默也会对此大有帮助！

尽管我对于双重性的理解来自于鲁道夫·斯坦纳的观点，但是多年来，我一直充满好奇地看到，我们本性的这个方面在古代神话和现代故事中是多么经常地被刻画出来。当我写到这里时，在诸多例子中有两个故事浮现在我脑海里。最近，我看了一部莎士比亚《暴风雨》（*Tempest*）的片子，临近结尾处让我非常感动，这个特别的普洛斯彼罗（Prospero）在与卡利班（Caliban）在岛上共同度过多年后，在他们被释放时，能够用温柔的方式说：“黑暗这东西，我承认是我的。”在《道林·格雷的画像》（*The Picture of Dorian Gray*）中，奥斯卡·王尔德（Oscar Wilde）描述了一个人双重性的特别悲惨痛苦的画面，他想方设法想永远保持年轻和美丽，然而却过着越来越自私、虚伪和堕落的生活。

当我们进入 40 岁时，越来越有必要辨识出双重性的运作，从而愿意接受自我认知和转变所带来的挑战。只要我们抗拒接受，不认为我们拥有的内在自我能够指引我们进一步发展，就会停留在任由外部事件摆布的境地，而这些事件其实是来推动我们走向更大觉醒的。当然，从更深的层面来看，我们的高层自我也参与这些外在的促成事件，它一直在努力唤醒我们更积极地去面对个人责任和自我决定。我们有觉醒的时刻，然后就又落回旧有的习惯；我们努力地向前迈进一步，然后可能又很容易地倒退回来。如果我们有意愿去觉知我们真正抗拒改变的种子埋得有多深，我们也就会知道某种内在练习现在变得有多重要。一种新的紧迫感出现了，它需要我们做出内在承诺，去进行某种形式的静思冥想、有意识的自我反思或者祈祷。

42 岁至 49 岁

四十多岁是人生中精力充沛的阶段，但如同出生前在火星领域受到影响一样，也会逐渐衰退。如果在这个人生阶段经历了内在觉醒，增强了自我责任感，那么我们现在就有可能会感到充满活力、自我信赖，能够方向清晰、充满热情地积极开拓；如果我们抗拒把握自己的人生，那么这些年里可能会更多地陷入关系的斗争中，去维护个人权力，并且评判他人。如前所述，正是在这些年里，我们要再次去处理星芒体的力量，与我们的“自我”一起工作，进行更深的转化，为情感生活的漩涡带来秩序。

有时候四十多岁也被称为第二青春期，这个说法在那些没有真正关注自我反省的人身上表现得更加明显。我们看到有些人越来越追求自我满足感，或者有些人在工作或家庭中受到挑战时就经常指责他人。还有些人为了自己的目标利用他人，或者即便他们不是深陷狭隘的自身利益，也盲目地忽视掉一些可以轻易预料到的后果。如果不愿意诚实地对自己进行转化，那么双重性将在这些年里愈演愈烈。

如前所述，很多女性在 30 岁期间面临着平衡她们女性特质和男性特质的特殊挑战。我观察到，对于男性而言，通常更多的是在他们 40 岁这个阶段才升起这种内在需要。我首先开始注意到这个问题是在读过一些对这个阶段的早期描述之后，作者主要是男性，那是生命中特别艰难的时期。但是当我以及很多与我一起工作的女性进入 40 岁时，这似乎是一次突围，一种充满能量和自由的新感觉。诚然，她们都是有意识地努力提升自己，认真对待内心生活的女性。而且报纸和杂志也开始出现文章，说到各行各业的女性进入 40 岁时开始感受到生命的活力和热情。那些早生育的女性现在感觉能够以全新的力量投入职业生涯，那些有意识选择晚生孩子的女性对于她们的决定有了成熟的责任。对于那些把工作放在第一位的人来说，妇女运动则更推进了她们的事业。

但是我观察到，40 岁的男人经常为工作和家庭责任所累，担心钱财，厌倦攀爬职业阶梯，有时候还会为达不到他们想象的成功而感到失望。因为在上半辈子里，伴随物质身体建构的星芒和以太力量开始慢慢褪去，我们都能感觉到自己的身体不再有活力，新的脆弱性开始侵入我们的意识。我们的物质主义文化并没有真正重视脆弱性，而将它视为一种软弱的表现。相反，我想要维护它，它是一种我们这个时代非常需要的品质。人到中年，大多数女性已经学会应对身体的脆弱性，并且重视它的内在面向，以及它为我们打开成长和洞见的新希望的方式。

但是对于许多男性来说，这种可以被称为更女性化品质的入侵会带来困惑，甚至是威胁。他们会感到对以前强烈的外在或以工作为中心导向的转变，并且怀疑这对他们的未来意味着什么。如果一个人 30 岁时的雄心抱负不再具有吸引力，那么生活此时又提供了什么希望呢？

很多处于长期伴侣关系中的男性现在开始想要更多地去关注他们的

亲密关系。但是，他们的伴侣——可能多年来试图想让这些男人更多地参与进关系中的女人们——她们现在通常正忙于自己的兴趣和事业。“我需要你的时候，你去哪儿了？”即便平时沉默，这句话也是伴侣走出门时最经常的一句反驳。或许父亲们现在想要花更多的时间陪孩子；但是孩子们长大了，不一定想星期六跟爸爸待在一起。当一个男人内在柔弱、起初甚至有些幼稚的一面开始诞生时，其他家庭成员却更加向外发展，两者之间缺乏平行，这是很让人难过的。如果不想让家庭破裂，则需要彼此之间发展出一种积极、不断焕新的兴趣，使相互接纳以及自我接纳达到新的水平，而重要的内在和外在成长也在随之而来。

在流行文化中，关于中年危机是否是衰老过程中的必然状况，多年来都存在着许多讨论。当然，我们看到很多45岁的人开着炫目的新车，剪着年轻的发型，或者开始新的恋爱关系。而且我们也认识一些刚刚度过这几年尤为困难时期的人。据我观察，每个人都会碰到一些事情，挑战那个“自我”进一步迈向成熟：对这个人来说，可能是一场意外或者疾病；对另一个人来说，也许是失去一位亲人，也可能是背叛，或者意想不到的失业。当然，使得我们生命故事变得意义非凡的是我们如何应对这些困难：我们是否能勇敢、诚实、正直地经历痛苦和伤悲？抑或我们只是反应性地去防御自我，去强化双重性的力量？我们用不同的方式觉察到时间在流逝，生命比我们想象的要更复杂，而且我们也确实在变老。

我那通常都非常乐观的丈夫，他在46岁生日的时候突然陷入了奇怪的忧郁情绪。最后，他用悲伤的声音说，他刚刚意识到还有14年他就60岁了，感觉自己不再有时间来完成他的很多梦想。面对他非同寻常的忧郁，我强忍住不笑，但是却禁不住指出，如果他只是担忧变老，那还有四年他就五十了。有意思的是，他不这么想，困扰他的正是 60 岁，距离他当时的年龄还有两个七年的时间。是那时让他伤感地意识到，在某种程度上来讲时间是有限的，他的创造力会随着年龄的增长而褪色。这预示着他真的经历着中年时期的灰暗。我现在可以很高兴地宣布，这种情绪会随着时间而逝去。实际上，现在他充满活力和创造力迈入 70 岁，而这是他在四十几岁时根本无法想象的。

对于多数人来说，四十几岁这些年的经历非常丰富充实。我们深处于多重责任之中——工作、家庭，可能还有孩子和年迈的父母。我们如何面对这些年的挑战，将强烈地渲染接下来的岁月。我们能否认真地去对待在这个阶段发出的自我认知的呼唤？我们是否更接近生存的核心本质？我们是否使得内在自我需要的空间得以发展？还是我们正气喘吁吁地从尘世生命无法永恒的阴影中跑出来？

> 在极大的困惑中，仍然有一条通往灵魂的开放通道。我们可能很难找到它，因为到了中年会杂草丛生，从我们称之为教育的东西中长出一些最疯狂的灌木丛环绕着它。但是通道一直在那里，我们的任务就是要让它保持开放，能够进入我们自己的最深处。
>
> ——索尔·贝娄，《美国精神的封闭》前言

49 岁至 56 岁

对很多人来说，伴随着下一个阶段来临，可以松一口气了。火星的强度开始减弱，木星提供了一种更宽广、潜在更加智慧的视野。这是另一个扩展的中间阶段，对很多人来说，它带来了创造力生命的第二次高峰。我们可以感受到新一轮的内在活力；正是此刻，有可能更加客观地检

视自己的经历和生存的这个世界。

在进行“传记与社会艺术培训课程”这项工作时，我们经常让学员参与自己的生命研究。有一年，在讨论生命阶段时，我们把学员按照他们当时的年龄阶段分组。我们让每个小组收集自己的问题，共同建构一幅他们这个阶段的图景。49 岁至 56 岁这组学员聚在我的办公室，那喧闹的笑声洋溢在走廊里，这让我所有的同事都希望他们也可以在这一组。这个小组的学员恰好都是女性，并且年龄都处于这个阶段的末期。她们的生活经历都极度不同：两位已婚多年，两位从未结婚，一位离异；有些事业有成，还有些在积极寻求下一步该做什么。所有人都遇到生命中至深的挑战：父母自杀，丈夫背叛，失去国家，成年孩子的创伤，等等，这里只是举出一些例子。但在共有的对生命的热情这一点上却显而易见，拥有共同经历的感觉也是非常真实。这个小组跟其他学员分享了他们的发现，下面就是他们展示的内容：

木星赞美诗

是的！
是的，我们的身体需要一些关注，
也许是一些维生素，
或者最终适合我们的一次节食。
有时，我们需要夜晚早睡；
但是，
把一袋冻豌豆放在头顶，
我们通常也能将它融化，
因为情绪的火花在我们周围闪烁。

然而，我们的心灵充满了一种新的
力量和决心。
我们现在——最终——为自己做出决定。
我们去环游世界，不带家人。
我们正在参加真正感兴趣的课程。
我们在逆境中作出决定，保持开放。
我们冷静地作出决定，
用新的自信，没有内疚。

实际上，我们正在享受生活，
仅仅活着我们就很快乐。
我们不再那么容易就陷入困境。
空间和时光如今都已不同，
我们已经超越肌肤。
我们的呼吸直达天际。
我们已经拥抱了所有的伤口、创伤、疤痕，
用对自己和对他人的宽恕，
疗愈我们的心灵。
感恩、宽容、界限
给我们一种新的存在感。
我们现在能够看着镜子，
并且接受自己是谁！
这就是下午四点钟左右。

我想在这幅写照中也有很多可以代表这个阶段男性的经历——呼出、

自我决定、感恩以及自我学习的觉察，包括那些透过痛苦所带来的东西。很多人描述说，不再那么在乎别人是怎么想的，内心升起一种轻盈感，能够抗衡日显衰老的现实状况。正是在这些年里，我们期待着透过以太体或者生命身的转化，生命灵开始出现。这些年提供了超越物质身体，对生命更深入的体验。

对于女性而言，这些年以及前一个阶段的最后几年通常正是更年期。热潮红需要引起我们的注意，很多女性学会去注意热潮红出现时正在发生什么事情。当这惊人的力量出现时，心灵的火焰又是如何发光的？我们是否能学会解读这些突如其来的情绪波动？我们能否在身体经历这些改变的时候，仍然一次次找到自己的中心？当能量已经从物质身体中被释放出来，我们是否也能体验到心魂与灵性的解放？当物质身体的生育能力结束，我们是否开始辨识出更高层次孕育的可能性？妇女运动的好处之一就是可以公开讨论更年期的体验。这长久以来被视为女性特质结束的错误的烙印，最终可以被看成一条极为重要的，通往完整人类深层体验的通道，同时也是创造力新层次的开端。

那些将自我发展掌握在自己手中的人和仍然紧抓纯粹物质现实不放的人，这两者间的差距从 42 岁开始，在接下来的阶段中会以越来越明显的方式展现出来。那些抗拒定期自我反思的人将越来越受到下一代人所带来的威胁。这是一些抓住权力不放的人，他们还不断地谈论“我们那时候”如何如何。他们批评别人，经常自夸，并且坚持自己的权威。很多人在思想和行为上越来越僵化，日常的生活经验也常常变得非常封闭。在越来越拼命避免衰老的努力中，真实生命明显缺失了。肉毒杆菌看上去非常强大：注射一种有毒物质，以消除本来记录我们生命故事的皱纹；其结果就是，原本可以表达我们兴趣与情感的真实面部表情受到了限制，生命仿佛被冻住了。

在这个阶段存在方式的另外一端，我们也发现有些人不再那么依附于日常细节，而是从不同的来源中找到意义感和生命感。这些来源可以是内在自信，对自然界奥秘的欣赏，对艺术的热爱，或是灵性的觉醒。在面对人生挑战时，他们散发出自信、信任、快乐和领导力。他们的社交技能在这些年里变得更加有意识，而且他们心甘情愿地为年轻的同事腾出空间。这些人对于他人的支持和利益表现出极为慷慨的精神；在服务他人时，他们的创造力找到新的领域，例如做下一代人的导师和向导。

在我三十几岁开始从事成人教育时，一位正处50岁中期的同事来参加了我的工作坊。结束后，他告诉我，他永远不会用我的方法来上这个主题——实际上，当我开始的时候他相当震惊——但是我却完成了他想要达成的目标。他还告诉我应该继续保持自己的直觉，信任自己的想法。在我努力寻找自己的教学方法的时候，他表现出的兴趣和慷慨对我来说是莫大的支持，而且，当我展望这个人生阶段时，这件事依然是令我欢欣鼓舞的一个标志。

威廉·巴特勒·叶芝的长诗《踌躇》（*Vacillation*）中有几行捕捉了这种安静的祝福氛围，这正是这些年潜在的礼物：

> 我的五十岁来了又走了，
> 在伦敦一个拥挤的商店，
> 我坐着，一个孤独的人，
> 一本打开的书和一个空杯子。
> 在大理石桌面上。
>
> 当我凝望着店铺和街道时，
> 我的身体突然开始熊熊燃烧；

有二十分钟左右，

仿佛，我如此幸福，

我被祝福，也能给予祝福。

——叶芝，《叶芝文集》

当然，在现实生活中，从没有哪个人已彻底进化或者完全未进化，没有谁完全觉醒或者永远沉睡。无论处于哪个阶段，我们都在过程当中；但是随着年龄增长，我们习性的力量变得更加强大，想要改变就需要认真的努力。我们通常会感受到，更加觉醒的一面和不想改变的一面之间存在着张力。当日子过得忙碌、干扰无处不在时，我们的内心更容易沉睡。但生活会持续地重拳出击，因此我们不时地被唤醒，去对自己的外在行为和内在成长承担更多的责任。

近年来，越来越多的研究是关于50岁以后如何恢复活力的可能性的，当然，这肯定与婴儿潮一代人开始进入50岁有关。例如，哈佛教授、社会学家莎拉·劳伦斯－莱特福特（Sara Lawrence–Lightfoot）在《第三章》（*The Third Chapter*）中进行的探索，诚如副标题所述，“50岁以后的25年中，激情、风险和冒险”。通过对40位从50岁至75岁之间不同女性和男性进行面谈和访问，她仔细研究了这些人寻求新的学习机会、新的事业从而探求生命更伟大意义时，他们的动机、弱点、不安全感以及成就。尽管受访者的生活与梦想存在个体差异，但是她发现一条共通的路径：“前进与迂回，发展与倒退，既恒久又变化。发展领域越来越多层次，耐心胜过速度，克制胜过野心，智慧胜过智商；‘留下一笔遗产’胜过‘留下我们的记号’。再来点幽默就拯救了我们所有人。”①

① 劳伦斯－莱特福特，《第三章》，第173页。

第三个月亮交点

在这个七年阶段的末期，当接近 56 岁时，我们经历第三个月亮交点。地球、月亮和太阳之间的关系与我们出生时再次变得一致。通常我们会发现自己不经意地在回顾人生的不同方面。可能我们感到有些任务忘记去做了。我们可能发现自己在思考：“我真正的生命使命是什么？”多年来我注意到，随着这个阶段即将结束，人们通常都会发生一些强烈的、意外的事件：他们可能生病，经历工作变动，遭受损失，发生事故，或者被激起或被引领着做出一个意想不到的决定，或者向前迈进。

56 岁至 63 岁

下一个人生阶段正是在前一阶段末期、第三个月亮交点氛围的经验中开始。这些年显示出土星的影响，这遥远的星球在神话故事中化身为“时光老人”，手持镰刀去收割之前播种的庄稼。此时人们会越来越多地回顾经历过的人生。从我们意志内在深处，回响着诸如我们还有哪些事情尚未完成，或者我们仍然需要再做哪些事情这类的问题。是否有些未被关注的关系需要我们去照顾？是否有些零散在外的线索需要我们更加仔细地编织进生活这匹画布中？

令人惊讶的是，当进入这个生命阶段时，我对联系年轻时的朋友充满极大的兴趣。一天，仿佛是在告诉我不仅仅是我这样似的，我发现办公室的语音信箱有一条信息是来自大学时期的男朋友，我们已经有三十多年没联络了。当然，我马上就回拨电话，时隔这么久还能分享我们生活的消息是非常美好的事情。最近，脸书（Facebook）和其他社交媒介形式也使得早期的朋友可以重新连接，激起回忆，恢复兴趣，有时甚至还会带来第二段罗曼蒂克关系。

但这也是一个严肃、更加收缩的生命阶段，伴随着意志方面的挑战，或许带着来自遥远幼年的回响。快乐的童年犹如保护性神话，有些人现在才能够解决这些长期掩盖下的伤口。冷漠的母亲或者父亲的虐待依然困扰着我们一些无意识的习惯，例如抽离、欺骗或者攻击。我们认为自己已经处理的人生课题，可能继续推动我们迈向更大的觉知。这些挑战来自我们内心深处，与灵性意图相呼应。正是在这些年里，我们开始为未来发展成为灵人，即物质身的转化，奠定基础。

当然，我们也会遭遇来自于外在的考验。在这些年里，很多人都将经历失去朋友或年长的亲戚，或者可能被迫提前退休。疾病可能也是一个因素，有时这是早期生活产生的一种令人痛苦的后果，例如吸烟或饮食方式。尽管年轻时我们鲁莽地觉得天下无敌，但是“时光老人”依然不请自来，慢慢靠近我们。

如同在前两个人生阶段中一样，我们现在能够清楚地看到人们用不同的方式来面对自我发展的任务。那些继续拒绝回应自我认知呼唤的人，倾向于更加紧抓他们的社会地位、工作责任，甚至财产。很多人用可悲的愚蠢方式，试图让自己看起来更年轻。一些人变得开始怀疑年轻的同事或家人，害怕失去控制，并且对自己的衰老感到日趋痛苦。这就仿佛心魂受到挤压、灵性受到囚禁一样。

六十出头的年纪，对那些自我认同感已经强烈依附于工作成就或身体活力的人来说，可能是一段尤为脆弱的时期。在面对衰老的恐惧时，他们可能坚持使用自己年轻时感到有活力和重要的方式。如果没有找到体验自己价值的其他可能性，他们可能会容易听信各种肤浅、可以再现青春的承诺。例如与一位依然焕发青春活力的年轻人谈恋爱，这最终只是为延缓衰老提供了虚幻的希望。一些老年人，因为有人钦佩他们表面上的智慧或成熟，在受到奉承后，他们的虚荣心得到抚慰，瞬间感觉自己又年轻了。甚至是忠诚的伴侣也可能受到诱惑，轻率地做出分居的冒险决定，直到心脏疼痛和其他干扰进一步导致个人价值感的缺失。这种痛苦在经典电影《月色撩人》（*Moonstruck*）中简洁明了地呈现出来，年老的妻子，用有力、机警的话语还击了她迷失的丈夫："不管你在做着什么，科兹摩，你仍将会死去。"

练习：行李箱

回想第 1 章中描述过的，当准备来到地球时你将自己的目的装进书包的练习，现在反思一下有什么是原本在书包里，但你出生时却没有带来的东西。到目前为止你在尘世已经获得了什么？当迈向晚年时，你正随身携带着什么？有什么东西是你依然希望发展 / 能够放入书包中，并且随身携带着跨越生死门槛的？

在另外一个方向上，有些人的心魂和灵性都不再受身体的限制，而是变得越来越自由，即便他们也会关注保持身体健康的重要性。他们不再受外在环境所驱使，并且能够更有耐心，内在更有创造力。他们的成熟对同事和朋友来说是很有益的。思想和行为表现得越来越慷慨，很多人现在开始与下一代人分享宝贵的家庭财产——在他们自己依然能够享受这鲜活的遗产时，把东西给出去。尽管生活依然非常充实，但似乎有了更多的时间——给孙子读个故事，指导正在努力奋斗的年轻人，或者停下来细致地欣赏秋天美丽的树木或白雪映衬下深红的特别美质。

在 60 岁的时候，玛丽·奥利佛（Mary Oliver）在一首长诗中对于自己持续进行的活动，描绘出了一幅焕发荣耀的图画，非常恰当地取名为

《工作》（*Work*）。这是一位完全成熟的女性，她了解并热爱那让她去观察周围世界的真实召唤——去研究它，凝视它，感知它。如她所说，“我是一个 60 岁的女人，荣耀就是我的工作。”于是她歌唱这刚刚掀起的面纱，那撕碎了的面纱，以及后面的“光、光和更多的光”。这首诗很长、无法在这里引用，但是我强烈推荐大家去阅读它。[①]

当我们步入 60 岁，除了经常回顾过去外，关于未来的问题也呈现出来。对很多人来说，这变成了一个计划退休后生活的时间。我是否还有足够的经济来源度过人生的又一个三分之一时期，而这其中大部分都是在没有工作的情况下？如果我退休了，谁会留下来？如果没有了长久以来维持我身份的外部道具，那我又是谁？在我变老时，哪些人事物还能支持我？

当然，大多数人在这个阶段以及下一个阶段都还继续工作。但是关于未来的问题开始从外在以及内在进入意识。衰老的事实不可否认；生命的秋季正逐渐屈服于冬季的到来，人们也必然充满好奇地想知道前方还会有什么。

---

① 奥利佛，《树叶与云彩》（*The Leaf and the Cloud*），第 9–15 页。

第 8 章
冬季寒风：63 岁至以上

谈到 63 岁以后的这个主题，我发现，出于各种原因，无法依旧使用七年阶段这个框架。当然，60 岁、70 岁、80 岁甚至 90 岁之间有着实实在在的差别；但是在其他生命阶段中很强显现出的七年节奏，在 63 岁之后不再如此之重要。就好像每一个独立的个体从现在开始闪耀——有些明亮，有些温和——但是在闪烁着光芒的浩瀚宇宙中，每个人都是一颗独特的星星。

如前所述，鲁道夫 · 斯坦纳认为在我们投胎来到地球的旅程中，经过行星领域的体验，持续按照七年的周期，它影响我们至 63 岁。这些演进的行星给予我们在尘世间人生的“衣服与祝福”，它们不仅仅影响我们这些年里出现的人格特征，也帮忙布置舞台——有些人将此称为“任命”——比如在人生道路上我们遇到的重要的人、机遇以及挑战。现在，随着进入 60 岁，在某种意义上来说，我们从出生前带来的遗留之物中解脱出来。原来使我们生命维系在一起的约束之力也开始变得松动。

在第 4 章中，我提到过鲁道夫 · 斯坦纳是如何描述，到 63 岁——甚至是到 70 岁——我们已经遇到这一世的主要人生意图。当然，现在承载的很多结果源自于我们在尘世间如何与命运的计划相遇，如何善用高层自我为我们的发展所提供的条件。我们之前所做的决定以及行为的后果将持续在余生中展现出来，例如，在个人习惯和持续的关系中。在这个方面，“变得自由”这个想法一定不能只按照字面意思来理解，或是很狭隘地来理解。

同样如前所述，63 岁左右的过渡期通常都充满了挑战。在这个里程碑的时间附近，我们极有可能会直接遇到一些未曾关注的生命意图。这就好像再一次被给予觉醒的机会，去发现一个发展课题，这个课题，我们本应为之努力的，但过去却压根忽视或搁置了它的提示。那些与真相关系不紧密的人可能突然发现自己置身于一系列善意的谎言中，没有一个谎言是有意识地想要伤害他人，但是日积月累，却威胁破坏了其他的价值属性和成就。那些爱慕外表虚荣的人，可能会通过疾病，被引领用更深层、更有意义的方式认识自己和了解他人。又或者随着维持生命的节奏开始转变，一辈子未加抑制的抱怨和指责现在屈服于意想不到的孤立和寂寞。

当写到这一章时，我就快到 67 岁的生日了，所以我正处在 63 岁至 70 岁中间的时刻。年轻时，我可以毫无顾忌、滔滔不绝地谈论超过我当时年龄的人生阶段；但是随着慢慢年长，有时候即便想起那些年轻时的宣言都让我不寒而栗。现在我感觉更加谨慎，不想再冒失地去说一些我还未曾经历过的事情。这并不是说，我自己的经验就一定代表他人，但是至少它们为我观察周围的生命提供了基础，让我更踏实。另一方面，我对衰老的问题一直感兴趣，而且很荣幸能够认识很多深刻省思的老年人，他们愿意与我分享。所以对于后面这些年我要小心谨慎地陈述，我知道自己仍然有很多内容要去认识和学习。

这里让我想起曾听过琼·埃里克森（Joan Erikson）在 90 岁时的采访，当时她为自己和丈夫埃里克（Erik）——著名的发展心理学家——曾经谈论过老年表示道歉。他们生命阶段体系中的第八个阶段研究成人后期；他们称之为“智慧”，视其为实践诚信、超越绝望的成果。在访谈中，她谈到，他们是如何曾经假定老年人就应该感觉起来很智慧、正直，但是现在，90 岁的她依然有各种痛苦和不确定，她说：“当时我们还没到那个年龄，所以我们不知道……”[①]

并没有哪一点说，智慧并非衰老的潜在成果。但甚至是在 63 岁以后的年月里，想要自我反省和内在发展，拥有智慧的风采，关注和觉知依然是需要的。这需要我们怀着平静的责任心去回顾和展望，甚至当练习活在当下时也这么做；内在和外在空间都是需要的。早前接受采访时，琼 · 埃里克森已经反思过这个问题：“什么是增长智慧？”她所提供的观点是，只有老年人才能变得真正有智慧，但只有其中一些人会真的有智慧。

前文谈论到 56 岁至 63 岁，与其对应的共鸣时期，可以从童年的第一个阶段一直追溯到出生。关于通过 63 岁这个过渡期经历的另外一个观点是，去思考与之呼应的刚刚出生时的情况。当我思考 62 岁至 64 岁之间经历的外在和内在剧变时，我禁不住想起自己的故事：创伤性的出生和出生后颇具挑战性的头几个月。因为母亲的子宫破裂，我本应该死亡；但是因为当时母亲正在医院做产检，医生立即实行剖腹产，我才幸免于难。63 岁时，我非常惊讶地发现自己再次陡然落地，在一个意想不到的内心世界中，用全新的方式找到自己的定位。当然，我并不是说任何出生时的经历都必然引起 63 岁左右的过渡期；然而我们可以观察，遇见重要人

---

① 《与琼 · 埃里克森在 90 岁的对话》(*A Conversation with Joan Erikson at 90*)，大卫森电影（Davidson Films），1995。

生“门槛”的方式，或者这段时期周围的各类事件，可能很奇怪地互相关联。

在写之前的内容时，我与一位年长的朋友进行了一次启发性的对话，她为这个过渡期和63岁以后的人生提供了另外一个视角。她觉得，看待“再做众神之子”（being a child of the gods again）的观点，看待在某种意义上获得自由的一种方式是，将63岁视为人生旅程中一个全新层面的真实诞生。正如奥尼尔（O'Neil）在《人类生命》（*The Human Life*）中所述，我们“终于，完全出生了！花了这么长时间，才成为真正的人类”。[①] 现在我们踏上了一条新的道路，有不同的里程碑与陷阱，有更广阔的视野但最遥远的边界，阴影中有我们自己特定的大陆尽头。希望我们可以踏上前方的旅程，少受生命故事中微小细节的束缚——如斯坦利·库尼茨（Stanley Kunitz）所说的“垃圾”（litter）——更能够体验真正人类发展的“众多层面”。

玛丽·凯瑟琳·贝特森（Mary Catherine Bateson）在她重要的著作《构成进一步的生命》（*Composing a Further Life*）中，对年老给出了一种改头换面的当代视野。她认为，她称之为第二成年期（Adulthood II）的阶段，也就是我们通常说的成年至老年之间的这个阶段，承担着所有紧迫的责任。这个阶段的人依然有能量，想要继续从更自由的空间中学习，并且有很多人生经验的宝贵财富可以提供给未来。她描绘现今变老的特征是“一种即兴的艺术形式，呼唤想象力和学习的意愿”；谈到男性和女性，尤其是处于第二成年期这些年，他们是“自己人生的艺术家，做着碰巧或因为才能而来到手边的一切，及时地构成、再构成一种模式，从而去表

① 奥尼尔，《人类生命》，第14页。

达出他们是谁以及他们相信的东西”，①

回顾从 60 岁中期来到我们人生道路上的体验，很有意思的一点，是去思考我们是否感觉到需要开始担任新的角色和发展新的技能。有时候出人意料的一些步骤会自动呈现在演进中的“自我”面前，新奇的特质会被唤起。一份志愿工作要求我们用不熟悉的方式来聆听，一次旅行打开了我们以前从未想到过的对艺术或历史某个领域的兴趣，或者某个健康问题让我们质疑如何制定与传统医学权威之间的关系。这些发展的挑战是否在某种程度上预示着来世要去发展的领域？这个想法不应该只按照字面去理解，而当发现自己探索出完全意想不到的能力时，我们可以去沉思此时我们播下了什么样的种子。我们能否将它想象成为对未来的准备，这未来甚至超越我们的死亡？

我想分享一个我个人的例子，它还在进行当中，并且仍包含很多问题。我和我先生从六十几岁中期开始就一次又一次地去中国授课。这是我们从未想象过的事情。尽管我们正在教授的是从事了多年的学科，但是去中国，背景、语言以及很多需要我们做的事情，很明显都是新的。工作以及产生连接的方式，很多都与我们不同。并且，除正式工作任务需要之外的另外一个层面上，在一些可以说没有西方人的地方，我们时不常要站出来。甚至一次又一次有人要跟我们拍照，这经常是为某个没见过西方人的陌生人的母亲。这些体验唤醒了我们内在哪些东西？我还没有答案。但是当我在中国时，我强烈地意识到，或多或少我都一直处在令人惊讶的发展边缘。

当然，我并不是说 63 岁以后每一件来到的事情都相当新鲜。很多年前，我与一位年长、智慧的朋友聊天，当时她 90 岁出头，她建议我，一

① 贝特森，《构成进一步的生命》，第 19 及 24 页。

定要告诉参加我传记工作坊的人，退休后要有自己追求的爱好或真正的兴趣。她注意到，那些期待退休后能够参与一些活动的老年人更有可能过充实的晚年。感兴趣的事情是什么，真得不重要——演奏一种乐器、练习一种体育运动、做园艺、学一门新语言、旅行，参加木工课程、观鸟、从事志愿工作、写诗——重要的是，老年人能够参与自己的未来。那些简单地退休后就不再想象任何自己想追求什么的人，往往会感到相当迷失，并经常陷入单调、空虚的日子中。那些追循着兴趣的人则会激发自己，把永远新鲜的一面呈现出来。

“我们是谁”和全新可能性之间，两个方面持续不断地相互作用，有时甚至形成一种张力，通常在快70岁时开始变得明显。空气在发生变化；冬季透过早晨的迷雾改变地平线上事物的形状，正宣告着它的到来。光线在变化，风更凛冽，但正午的太阳依然很温暖。出于选择或经济上的需要，尽管很多人在这些年甚至以后都继续全职或半职工作，一种内在逐渐感到更加自由的过程通常会在外部活动中呈现出来。他人的评判不再那么有分量。一个朋友愉快地叹了口气，赞美道：“我受够了迁就。”对于那些相对健康，找到自己的方式来锻炼身体和心灵的人，以及那些对周围世界保持积极兴趣的人，这些年会充满意想不到的满足感和成就感。

环顾身边60岁后期、70岁的同龄人，我发现他们大部分都活力四射。如人口统计学显示，我们比记忆中父母和祖父母那代人更健康，更能参与世界的活动。我见识到对生活真正的享受——去地球遥远的另一边旅行，完善自己的网球或高尔夫球比赛，帮助一个非盈利项目起步，或者将思想和问题最终汇集成一篇文章或一本书。很多人高兴地描述说，他们是如何在没有任何与工作相关的驱动下追求新的兴趣，或者加深个人研究，这么做只是单纯地出于学习的乐趣。我们当中很多人都非常期待未来，我觉得这么说一点都不足为过。我甚至看到令人惊讶的信心，认为我们的身体一定不会那么快就让我们失望的。

尽管如此，与这信心同时出现的可能还有：很多人在这些年里逐渐地接受他们身体某部位疼痛的事实，例如膝盖、髋骨、后背、肩膀或者手腕，而且这种情况不大可能得到改善。然而，很多人都会同意玛雅·安吉路（Maya Angelou）在 70 岁生日时与奥普拉·温弗瑞（Oprah Winfrey）访谈所说的话："我已经学会了，即便在有疼痛时，我也不是必然与它一体。"她还谈到如何发现变老是"令人激动的"。威尔·罗杰斯（Will Rogers），根据互联网上那些关于衰老的引言列表，被指曾说过："关于变老的很多事情没人会告诉你，其中有一点就是，不再年轻是一个多么美好的转变。"实际上，对于很多人而言，那意味着更广阔的心魂空间，从被要求业绩表现中解放出来，可以充分地安排时间，并且充满活力地开发新的创造力。

比较不幸的是，有些人没有了工作的约束或者在他人眼里的地位后，反而感到迷失。那么这些年就预示着有更多的抱怨、痛苦、遗憾和孤独。他们回避来自内心、进行殷殷自省的召唤，取而代之的是充满媒体噪音或令人着迷的新娱乐形式。在这里我们再次看到人们往前走的两个基本方向：有些人继续负责任地编写他们接下来的人生故事，满怀兴趣地经历衰老的过程；与之相反的是，有些人越来越感到自己是时光流逝的受害者，拒绝倾听任何自我认知的召唤，任由自己的灵魂与日渐衰退的身体机能一同收缩。也许很少有人能真的完全处于这两种划分方向中的一边；我们都倾向于迂回前进，在衰老的过程和成熟的可能性中或多或少地保持清醒。因此，实际上我们仍然都能努力地用感恩的态度去面对已经度过的人生，负责任地去参与晚年生活的进展。

随着年龄的增长，以及对于整个生命的反思，我们能否去面对、接受，去调和快乐和成就、失望和损失？正是在我们面对这些问题的方式中，我们自己和他人经验我们的真正“自我”的印记，这个“自我”在我们的一生中都发展着。我们现在是否有能力去爱，去原谅，充满兴趣地去期待？还是去评判、怨恨、痛苦、抱怨？又或者是否我们干脆已经放弃了？

现在有大量的研究可以让我们更好地理解衰老这一过程。全球范围内人类寿命都增长了，并且随着婴儿潮这一代人越来越多地进入 60 岁，老年医学也在自己的领域内蓬勃发展起来。有趣的是，老年病学的专家们承认有以下几种显著的衰老过程：时间上、生理上、心理上以及社交上。我的观点与此有一些有趣的相似之处，但是我更多地是去考虑身、心、灵方面，这些人类本质的不同方面是如何表达，是否健康，如何相互关联，以及如何通过每个个体的自然衰老持续演化。

第 4 章中有一张图显示，物质身体的线条从充满活力的中年开始下降至最终的死亡，并且返回矿物界中；相反灵性线条却在上升，随着衰老而慢慢出世，“自我”逐渐回归到超感官世界中真正的家园。心魂的轨迹要更依赖于每个个体自我发展的步伐。如果紧缚于物质现实、身体状况和世俗成功的话，那么心魂也可能会感觉正在坠入死亡。另一方面，如果逐渐地从对身体的依赖中解放出来，人生后几十年的心魂留意到“自我”的召唤，就会沿着俗称为“阶梯”的人类灵性向上攀升。[①] 这幅上升阶梯的图景很好地捕捉到通过自己的内在努力唤醒灵性的可能性。

从物质身体的角度来说，衰老过程是不可避免的。坚持某种体育锻

---

① 简·芳达（Jane Fonda），TED 演讲：《生命的第三幕》（*Life's Third Act*），2011 年 12 月，http: //www.ted.com/talks。

炼会影响我们对健康的感觉，当然，每个人在身体健康方面都不同，通常我们称之为“基因的运气”；随着时间的流逝，身体活力逐渐下降也是普遍的事实。当进入老年期，服务了我们一辈子的身体的各个部分，通常是在我们没有意识的情况下，开始向我们宣告它们的存在并寻求关注。突然出现有些数字需要我们记住——胆固醇、血压、PSA（前列腺特异性抗原）或者骨密度。我们需要以及想要多少医疗干预？我们面对一些年轻时永远无法想象的决定：是时候更换股骨头了吗？我怎样降低胆固醇？为什么我的身体总是这样让我失望？

这艘大船，我们用来经验尘世的身体，开始显现出磨损与消耗。有些人因为事故或心脏病找到了离开身体的快速出口；而有些人可能经历长期疾病，这将带来持续不断，并且可能是更加有意识的内在成长。对很多人来说，身体的衰弱是一个逐渐的过程。在此过程中，大部分显著的改变都与各种感觉相关。伴随生命力的逐步衰退，出现的是感官功能普遍弱化。

手有关节炎的老年人触觉会比较迟钝。白内障、青光眼、黄斑变性会对我们如何看待周围的世界带来改变。听力受损使客观感知发生改变，常常将人们隔离在误解或点头自满的帘幕后面。随着嗅觉、味觉等感官能力的衰退，我们越来越难以区分吹拂过我们的芳香和气味，或者食物中微妙的味道和精美的调料。

感觉器官的这些变化通常都是细微和缓慢的。事实上，很长一段时间我们都否认这种变化。听力减退尤为常见，抗拒衰老或使用助听器都是徒劳，尴尬的语言误解变得越来越普遍。这种负担还转移给他人，别人会被指责说话含糊不清，甚至窃窃私语，好像要排斥他们、不让他们听见正在说什么一样。这些听力减弱的人往往都通过退出社交谈话来试图掩盖他们下降的听力。我们只能希望，在这种悲哀的自我保护导致误解、甚至不必要的孤立之前，人们可以有意愿去寻求帮助，解决问题。

听力减退的人还有可能存在另一种完全不同的体验，有些人可能听力受损很严重，但是他却能够通过仔细倾听抓住重点，而这种倾听与物质身体的耳朵无关。在这种情况下，心魂似乎超越了身体的障碍，可以用内耳来倾听。同样，还有一些老人，他们下降的视力激发了另一种看事物的方式，这种用心、感兴趣的关注产生了更深层的观看和真正的洞察。在这种超越了衰老身体局限的能力中，我们看到个体心魂和灵性成长的标志。

斯坦纳不仅讲到传统的五种感觉，而且谈到十二种感觉：触觉、生命觉、动觉、平衡觉、嗅觉、味觉、视觉、温暖觉、听觉、语言觉、思想觉以及自我觉（或称为“他人觉”）。今天许多其他研究者谈论的感觉也超过通常的五种。能够鉴别出这种更广泛的感觉体验对于跟孩子一起工作非常重要；同样，我们也可以更好地理解，当这些感觉在老年时失去力量会发生什么。我的目的不是要详细说明所有的这些感觉，而是通过举例来指出衰老会带来的各种挑战。关于十二感觉的出色描述，可以参见艾伯特·索斯曼（Albert Soesman）的《十二感官》（*Our Twelve Senses*）。在《老年的成就》（*The Fulfillment of Old Age*）中，诺波特·格拉斯博士（Dr. Norbert Glas）探索了随着物质身体感觉器官失去活力，心魂与灵性可能发生的转化。

当一个人衰老时，会很容易感觉到动觉是如何逐渐被剥夺的。锻炼四肢、移动身体的轻松自如受到限制，很多人会深深地感到失去个体自主性。然而，尽管有各种外在约束，有些老年人能够找到一种内心的自由，通过想象的力量进行心与灵的运动。我的母亲，在她古稀之年，有一次我打电话问候她时，她给我留下了深刻的印象。她一辈子都很重视身体运动，在她年老时，因为骨骼疼痛疾病受到了限制。但是那天晚上，当我问她一天的生活时，她却充满激情地回答说：“我去了中国。”在我困惑地问她到底是什么意思时，她咯咯笑着解释说：“今天在邮箱里我收到了一份介绍中国旅游的宣传册。嗯，你知道我一直都想去中国，但是看了介绍后，我意识到这对我来说再也不可能了。所以我决定不论如何要花一天时间去一下。我拿出了我的地图、百科全书、历史书、世界诗歌集、烹饪书、艺术以及插花书……我开展了一段属于我自己的旅程，并且度过了快乐的一天！”

另一个关于我母亲的故事：这次是在她 85 岁上下时，她生活在纽约切斯纳岭（Chestnut Ridge）的友谊社区（Fellowship Community），在那里人们不仅照顾老年人的物质身体，还关注他们心魂与灵性的尊严和需要。那时她已经坐在轮椅上，而且左侧身体也几乎失去知觉。她的生命觉——对身体健康的感觉，对她来说每天都是挑战。尽管如此，对于每天午饭后将洗干净的镀银餐具收拾起来这个环节，她总是充满期待。尽管她的手不灵便，需要用差不多一个小时来完成其他同伴可能几分钟就完成的工作，但是在照顾者中有一种共识性的理解，她需要感到自己是有用的。当她感到自己仍然能够服务他人时，她就能够超越自己的疼痛和受限的身体，拥有真正的心灵平静。住在这里的其他老年人会叠衣服，或者活跃于纺织间、花房、木工房。没有任何一个地方是以效率为优先原则的；有的是真正需要为社区完成的任务，这些工作为老年人量身定制，既是可行的又真正可以带来生机。

当我们思考感官的敏锐度随着衰老逐步衰退，就会很容易看到身体本质是如何与心魂和灵性的发展交织在一起的。生命存在的这三个方面并不是孤立存在的，但我们可能想要清晰、有条理地描述它们之间的区别。身体，即便随着时间的推移会慢慢虚弱，但它一直都是灵性来到尘世的容器。灵性坚持不懈地引领身体和心魂进入只有地球才能够提供的经验领域，这其中包括疾病的疼痛、失去的痛苦，以及超越身体局限性的可能。心魂继续在身体与灵性两者间发挥调解作用，搜集本质的人类体验，从中灵性能够在尘世的学习中有所收获。

当我们仔细看待越来越健忘这种最常见的衰老表现时，身、心、灵的互相关联就非常清晰了。一般而言，我们能记住对我们产生强烈影响、深深触动我们情感的事物。随着衰老和生命力的逐渐抽离，我们的心魂从感官刺激中只能接收到较弱的印象。最近发生的事件可能不再留下深刻的印象，所以短期记忆也不再那么有效。即便在沉思的时候我们经常能想起早些年丰富详细的记忆，也可能会找不到钥匙，或者回忆不起最近的一次谈话。不久前，我参加了一个读诗会，一位年近 90 岁的女士介绍了几首诗歌，这些诗歌来自于她童年的故事。她看着观众，亲切地说："原谅我回首童年往事，但是我不得不这么做。"我想她说出了很多老年人的心声。

随着年龄的增长，我们有更多的可能性去观察生命的整体性，去回顾明显不同的事件和令人好奇的细节是如何像拼图游戏一样重新安排成奇怪的整合体。可能我们开始觉察到，在生命历程中某些特定事件背后，某种更伟大的意志在神奇地起着作用；在我们的成长故事中，发挥作用的高层自我的感受得以加深。如果能够开放地去反思生命，社会明白独特的生命旅程就是为了让我们去沉思。如果周围的人都能花时间来询问我们的经历，那么在这种努力中，我们所有人都能受益。

近年来，我多年一直指导"传记与社会艺术"项目的毕业生，开始就一些老年人的生活进行采访，已经辨识出一些常见的衰老发展线索。但是对于访谈者来说，更重要的是去观察这样的对话如何为谈话的双方带来更大的活力。尽管一些老年人一开始会说他们的生活没什么有意思的事情，但是当有人真正倾听他们的故事时，他们中的大部分人都会因而变得振奋起来，面色变得红润，身姿变得挺拔，坦然地分享欢笑与泪水。当然，我们却知道，如果是老朋友和亲戚主动分享同样内容的故事，倾听就会是一种挑战；然而，如果用一种有意识的方式真诚地请老年人去回忆，那对于所有人来说这都将是一份礼物。

我之前也提到过，故事公司做出的一大贡献就是，他们致力于把人们带入穿越代沟的交流。几年前，我的儿子斯蒂芬送给我故事公司的访谈作为生日礼物，它真的是我这辈子收到过的最暖人心房的礼物之一。那时他自己刚刚做父亲，就在中央车站的那个小小的录音棚里，我们母子关系也进入了新的连接和理解水平。戴夫·伊赛（Dave Isay）如此描述他创立的这份事业：

> 故事公司建立于一些基本理念之上：我们的故事——普通人的故事——其实和那些每天媒体狂轰滥炸的名人故事一样有趣和重要……如果我们能够花时间去聆听，就会从周围人的生活和故事中发现智慧、奇迹以及诗意……我们都想知道我们的生活是重要的……倾听是一种爱的行为。[①]

留意到尤其是年幼的孙辈们是多么喜爱老年人的回忆，这是件令人感动的事情。而且孩子们也不会对一遍又一遍讲同样的故事感到厌烦，例如爷爷年轻时如何穿过大洋，不得不学一门全新的语言；或者奶奶和她的朋友们在当地垃圾场捡回旧板条箱，用自行车驮回来后在树林里盖了一个藏身的地方。说到孙辈们，我还必须插一句，他们为许多老年人内心唤起了真正的欢乐。在老人对孙辈们的爱中，经常会有一种意想不

① 伊赛，《倾听是一种爱的行为》，第 1 页。

到的自由感觉。我一次又一次地听别人描述到我自己心里也知道的事实：与孙辈们共度时光能带来深深的连接、持久常新的乐趣，以及令人惊讶、敞开心扉的耐心。

现在我自己也是老年人了，说到“记忆的变化”这个主题，我也已经多少有点跑题了。一旦关于孙辈们的想法吸引了我的注意，就像我引用的那位诗人一样，我只能说，“我不得不这么做！”

几年前，我曾安慰自己说，电话号码和花的名称已在记忆中逐渐消失，只是为我意识中即将到来更有意义的想法腾出地方。现在，跟许多同龄人一样，当读了一些关于衰老时记忆会正常减退的文章，即便也偷偷地去查看与症状相关可能性的列表，我还是松了一口气。因为比利·柯林斯的日常生活有诸多冒险事件，他用温暖和稍带幽默的方式捕捉了年老健忘的明显必然性：

健　忘

作者的名字是第一个离你而去的
后面听话地跟着走的还有标题、情节，
令人心碎的结局，整部小说，
突然间变成一篇你从未读过，甚至从未听说过的东西，

仿佛，一个接一个，你曾经拥有的记忆，
决定退休，去了大脑的南半球，
一个没有电话的小渔村。

很久以前你与九位缪斯女神吻别，
看着二次方程式整理其行装，

尽管现在你还记得行星的顺序，

依然有些别的东西溜走了，可能是国花，
叔叔的地址，巴拉圭的首都。

不论你正在努力记住什么，
它不会乖乖待在你的舌尖上，
甚至也没打算隐藏在你脾脏某个偏僻的角落里。

它已经顺着一条黑暗神秘的河流漂走，
你所能想起的只有它是以 L 开头的名字。

好吧，以自己的方式，你也将加入那个遗忘群体，
甚至忘了如何游泳，如何骑自行车。

难怪你半夜起身，
在一本战争书籍里查找一场著名战役的日期。
难怪窗外的月亮似乎已经飘走
从你曾经烂熟于心的一首爱情诗中。

——比利·柯林斯，《关于天使的问题》

我们的寿命越来越长，实际上很多老年人还会收到可怕的诊断，说他们患有某种形式的痴呆。在越来越虚弱的身体和意识不断减弱的心魂里，栖居着完好无损的灵性，那如何才能照顾好这灵性呢？作为一种文化，我们还有很多需要去学习。对于一个不再能够像以往那样参与日常

生活活动与互动的人，我们如何才能想象进入到他的内心实相？在这走向死亡的漫长旅程中，到底灵性正在经历着什么？

一位曾经在众多领域里与老年人工作过的朋友告诉我，她经常观察到，他们表现出一种参与式的意识（participatory consciousness），这类似于年幼的孩子能够不需要直接交流就毫不费力地知道父母的情绪。那些阅历丰富的生命接近尾声，即便对于日常语言交流不再具备有意识的关注，他们仿佛有时也是在鲜活的思想世界中保持着觉醒。我们曾经认识的这个人也许看起来更加朦胧了，他可能不会说话或者无法用清晰的决定来做事，但我们或许能够感知到一种不同层面的关注。我的朋友讲述了她的经历：在她照顾的老人中，有一个人平日几乎都是沉默寡言的；突然，他开口说话了，说得一点也不清楚，就是使用一个词或者短语，例如蘑菇、音乐或者婚姻，而这些正是我朋友自己默默思考的部分内容。[①]

前剧作家、荣格派分析师佛罗里达·斯科特－麦克斯韦（Florida Scott-Maxwell）在她八十多岁时开始把自己的想法记录在笔记本上。这些未标明日期的记录向我们展示了她深刻、痛苦、诚实地反思自己衰老的体验。这里有一篇是这样的：

> 我不喜欢将这些写下来，但老人家心里就是这样的。我们想知道我们还要变得多老，我们还能忍受多大程度的衰老。我们一直悄悄对自己说："是不是到岁数了？我还必须走多远？"因为年龄可以比死亡更可怕。"还有多少年的空虚？我还必须继续到多大程度的衰老？"……死亡感觉像是一位朋友，因为它会将我们从看不到尽头的衰老中释放出来。正是等待死亡这件事让我们筋疲力尽，而且厌

① 来自与达维娜·缪斯（Davina Muse）的谈话。

恶我们可能变成的样子。[①]

练习：年老的榜样

反思你认识的两位不同的老人，一位年老的方式激励了你，另一位的方式则令你沮丧或悲伤。尽可能细致地描述每一位。观察他们如何与自己的内在产生连接，如何与他人互动。他们有什么兴趣爱好？他们参与什么活动？他们表现出的哪些特质激励你或者让你忧伤？

和很多朋友一样，我也有不愿提及的愿望，希望可以在没有失去熟悉的自我意识之前逝去。我认为我们都希望随着年老可以变得更深沉，可以继续积极地支持朋友和家庭成员；我们期待看到下一代如何解决一些难倒我们的问题；我们甚至打算要去整理阁楼上或者抽屉里生活累积下来的零星杂物。但是我们不希望自己的晚年抹去年轻时期的记忆。因此我们就会碰到控制和自主的问题。没有一幅简单的路线图能指引我们走向生命的终点，有的只是我们一样可以在当下、充满兴趣地与每一天相遇，当然也有未知的礼物。

接近死亡

随着年龄的增长，死亡也开始慢慢靠近。对有些人来说这是巨大恐

① 斯科特 – 麦克斯韦，《衡量我的日子》（*The Measure of My Days*），第 138–139 页。

惧的根源，对另外一些人来说它带来了释放的慰藉。通常它会为日常体验带来温柔——例如遇到我们所爱的人或者自然界的美丽。我们即将死去，对这一点的看法，很大程度上取决于我们如何想象死后会怎么样。有的人相信，如果有任何死后的生命，除了我们遗留下的事迹以及别人对我们的记忆之外，别无他物。有些人对于持续的能量有些模糊的想法，然而还有些人深信他们心中天堂的图景。那些相信生命轮回的人，将死亡视为一条通道、一次过渡、一种出生，然后回归到灵性本质的真正家园。尽管如此，无论我们的思想或者信仰是什么，它们通常都与我们对未知事物的恐惧并行存在。

在下面这首诗中，W.S. 默温表达了这种平静接受将至之物中所蕴含的神秘：

为我的死亡周年纪念日而作

每年这一天我都在不知不觉中度过，
当最后的火焰向我挥手，
沉默即将启程，
这不知疲倦的旅行者，
像一颗暗星的光辉。

然后我再也不会，
在犹如一件奇怪的衣服的生活中找到自己，
再也不会对大地，
和一个女人的爱，
以及一个男人的无耻，
感到讶异。

再也不会如今日这般在三天雨后写下这些，
听到鹪鹩歌唱，落雨停歇，
再也不会对着什么鞠躬，却不知是何物。

——默温，《第二本四书诗集》

我非常感激这些诗人，他们如此愿意进入生命尾声的神秘，用他们的想象找到词藻来表达，来欣赏通常我们的理性极力回避的内容。玛丽·奥利佛在她多年的伴侣去世后，谈到了逐渐走向这个过渡期的体验："生命的尽头有它自己的本质，同样值得我们关注。我这么说，并非忽略悲伤、担忧以及很多的衰退。但确实正是在这个时候，一个人的性格会闪闪发光或者黯淡无光。"①

通常老人家很想谈论他们的忧虑、恐惧以及对死亡的想象，但他们却极力忍住，不让亲人感到未来失去他们的悲痛。只是想到断绝我们与他们的关系就令人难过；当这真的发生时，周围会笼罩着浓烈的悲伤。然而，如果我们不执着于多数人对死亡陈旧、物质主义的图景上，也有可能在面对一位老人过世时，尤其是我们深爱的人，用一种庆祝的心情，来庆祝长寿以及这个特别的人所具有的独特天赋。

这里还有一段来自于佛罗里达·斯科特－麦克斯韦的话语：

爱打开了痛苦的双重大门。失去美好的痛苦是它的美好的标志。离别是贫穷。理性无法带来任何慰藉。失去爱人是一种如撕裂般的痛苦……要是我能看见前方，预料将会发生的事情，那该有多好，但是我什么都做不到。所以我就假装愉悦，我的悲伤逐渐变成

① 奥利佛，《我们的世界》（*Our World*），第 73 页。

> 麻木地去面对命运，直到我厌倦了接受，我才感到正在发生着变化。（老年时）会有些东西正在消融，有些东西逐渐硬化，其中会出现一种暗示——到底是哪一种？——最后，我到达了一个内心城堡，那里有一种创伤的寂静、心照不宣的力量……可能就在我们核心的附近——我们是否从未如此接近这个未知的中心？在这里人将超越痛苦与快乐。我们是否有可能接近这个痛苦与快乐本是一体的地方？这就是说——“尔旨得成”（Thy will be done.）？①

在这里，我们看到灵性在反思，仍然在探索理解与意义的新线索。通常有一种强烈的渴望，接受一个人的生命经历，找到一种新层次的决心和接纳。最后一次引用佛罗里达·斯科特·麦克斯韦的话，它捕捉了回顾生命的重要倾向：

> 年龄是一个时间的荒漠——小时、天、星期、年——这些毫无用处。所以一个人有充足的时间去面对自己曾经拥有、成为和做过的一切，把它们全部收集起来——来自外在的，以及来自内在的。我们终于有时间让它们真正成为我们的……你只要宣告你的生命事件，让你自己成为你自己。当你真正拥有所有你曾经成为和做过的事物，这也许需要花一些时间，你就会对现实勇猛无比。当最终年龄将你聚集在一起，是不是很难对这一切放手，让它们度过，变得平衡，然后结束？②

① 斯科特·麦克斯韦，《我的日子的写照》，第 42–43 页。
② 斯科特·麦克斯韦，《我的日子的写照》，第 41–42 页。

我们每个人都必须找到自己的方式来度过晚年，来面对自己特殊的即将死亡的时刻。有些人努力让这次旅程尽可能有意识，有些人则可能轻率盲目地穿过生死门。不论我们是否有目的地努力面对和消化我们的生命经历，有诸多的证据都表明，在死后会有一场回顾等着我们。历史上不同的世界宗教和神话都描述过死后的审判和净化，这些不见得都很可怕，但通常都有大量的细节。西方艺术和文学作品总是有很多生动的炼狱、天堂和地狱画面。即便如今我们处于这么物质主义的时代，曾有濒死体验的人都一致描述说，他们都遭遇到整个一生的全景回顾。①

鲁道夫·斯坦纳常常说到死后生命的实际情形，或者更准确地说，是死后与再生之间的生命。他从各种角度总结了从一世生命到下一世沿途各阶段的特点。② 斯坦纳说，在肉体死亡的头几天，以太体，或称生命体，仍然与亡者的星芒体结合在一起。这正是发生整个生命全景回顾的时候。在濒死体验中，物质身体首先与其他的三个身体分离；然后某种拯救生命的干预形式将它们再次结合起来，因此以太体能够依然保留着对那个生命画面的记忆。

在一个人死后，首先抛弃的是物质身体，大约三天以后以太体也被释放出来。“自我”依然与星芒体连接在一起，现在它发现自己需要熄灭尘世生活的欲望与乐趣，因为即便现在没有一个物质身体去实现，这些

---

① 关于濒死体验的经典文本是《生命后的生命》(*Life After Life*)，作者小雷蒙德·A. 穆迪（Raymond A. Moody，Jr.），著于 1975 年；另一本关于这个主题的近期畅销书是，医学博士埃本·亚历山大（Eben Alexander）的《天堂的证明》(*Proof of Heaven*)。

② 请参见斯坦纳的《神智学》，《奥秘科学大纲》，《死亡与重生之间的生命》(*Life between Death and Rebirth*)，以及《保持连接》(*Staying Connected*)。

也继续阻碍着它。就在这心魂净化的过程里将开始一个新的阶段：不再有任何身体的感觉器官，“自我”必须将自己从与感觉捆绑在一起时在尘世间形成的各种渴望和吸引中解放出来。

当依然与星芒体连接的“自我”回顾现在刚刚完成的尘世体验时，发生了进一步的净化。这里面包括详细地倒序回看一个人的整个一生，从死亡时刻回到出生时刻。这次回顾包括去经历此人这一生的行为，但却是站在被这些行为影响的、其他人的立场上。尤其是我们的自私、吝啬、谎言以及我们引起的所有痛苦都再次与我们相遇，现在的感受与他人所遭受的痛苦是一样的。也许不难看出，为何透过这个回顾，一个人会决定开始建构再次来到世间的未来生命。我们的永恒自我，与更高层的灵性存在们一起，收集和重塑我们学习的成果，这是为了未来可能的救赎，以及进一步发展成为越来越完整的人。

如果我们没有死亡与重生之间的直接生命体验，那么我们要如何来看待前面说的信息呢？我个人觉得来自濒死体验的证据非常令人叹服，而且我也为多年来在艺术中所呈现的图景所感动。譬如，最近我看了瑞典导演英格玛·伯格曼（Ingmar Bergman）执导的经典影片《野草莓》（*Wild Strawberries*），电影讲述了一位年老的医生将因其漫长的职业生涯而获得荣誉的故事。他决定驱车从斯德哥尔摩（Stockholm）到颁奖所在地隆德（Lund），就在漫长的开车旅程中，他的儿媳妇和三个年轻的旅行者陪伴着他，他有了各种各样的经历和梦境，为他提供了关于自己一生的回顾。他遇到了他曾做过的好事、爱他的人，也有对他不好的另外一些人。他还碰到自己缺乏勇气或是表现自私、刻薄的情形，尤其在梦境中，他见到了自己行为如何影响他人的清晰图像。这就好像他预先品尝到鲁道夫·斯坦纳提到的在我们死后等待我们的内容。

鲁道夫·斯坦纳认为，当死后的净化工作完成时，星芒体像物质体和以太体一样，同样也被丢弃掉。现在“自我”处于灵性存在世界的家园中：“在出生与死忘之间的生命期间，环境通过身体器官对我们说话；但是一旦抛弃了身体，所处新环境的语言是直接对‘我’的‘内心至圣所’（innermost sanctuary）说话的。”[①]

作为已经净化过的前世的灵性果实，永恒的“自我”保留了斯坦纳所指的萃取物，就如同感官世界里所有体验的一粒种子。这将在“自我”现在所居住的全新灵性环境中进一步被加工。斯坦纳描述了这个世界的特点，灵性会以不同的方式开启更深远的旅程。在前文中，我提到过他对于不同星际领域的描述，在这些星际领域中灵性力量流向自我（Self），帮助它重建，重新分配前世的果实，并且为在地球上新的一世做准备。命运的规划是一个漫长而复杂的过程，我鼓励读者通过我引用的文本对此做更深入的研究。我只是用最简约的方式指出这幅图景，它展示永恒的人类灵性会超越物质身体的死亡继续它的旅程，以及刚结束的这一世对未来世是如何产生持续影响的。

与其阐述更多斯坦纳关于死后会发生什么的宏大见解，不如通过看一下近些年临终关怀的重要改变来结束这一章吧。20 世纪下半叶，作为对医疗技术环境取得许多进步的回应，在分娩问题上，尤其是在发达国家，对于自然分娩开始兴趣高涨；尽管有越来越多的规定，但是在家里生产的吸引力持续增长。近几十年来，关于临终关怀、死后照顾、殡葬服务以及纪念庆祝也出现了类似的情况。在整个 20 世纪，至少在西方，临终关怀变得越来越技术化和物质主义化，关于死亡的传统仪式似乎缺乏真正的灵性实质。尤其是到了 21 世纪初，关于生死门的谈话也变得更加微妙。我也注意到，在文章、书籍以及其他媒体中对这

① 斯坦纳，《奥秘科学大纲》，第 88 页。

方面的关注在增多，这似乎表明人们越来越希望能够开放、积极地去面对死亡。

为了能够在生命临终阶段对于在多大程度上使用维持生命的医疗技术拥有发言权，越来越多的人开始签署生前遗嘱或者其他形式的晚年医疗健康指示。临终关怀、绿色葬礼以及对刚过世者的家庭护理正受到应得的关注。例如十字运动，还有，在我们的社区，神圣殡仪事业给逝者带来尊严以及更深层意识的照顾，同时也为面对生死门阶段的家庭提供支持。

当我们逐渐体验到死亡并不是最终的结局，我们就可以改变与逝者的关联方式，甚至开始探索出方法来继续培养与这些“所谓的逝者”的关系，斯坦纳经常这样称呼他们。[①] 很多人体会到三天守丧的价值，与逝者的遗体在一起，与家人和朋友分享故事和记忆。尽管有失去亲人的悲伤，但是葬礼可以成为对于生命真正的庆祝。讲述一个人的生平，提及一些天赋和挑战的鲜活画面是这次生命旅程的一部分，这些对于参加葬礼的人来说很重要，我相信对于逝者也同样重要。我很荣幸不止一次在葬礼或者追悼会上分享一个人的生命故事。这让我觉得，我心爱的这些人依然在现场，经历着仪式的荣耀，听到了他们尘世生命的回顾，将这些作为充满爱心的鼓励，陪伴他们踏上更远的灵性道路。

死者过世和葬礼以后，我们还可以做很多其他事情来促进持久的关系：祈祷和静思冥想，当然，在我们读一些具有鲜活灵性意义的文本时，也可以邀请已经在另一个世界的朋友跟我们一起，并且通常需要努力保持开放，去接收来自生死门另外一边的任何沟通。例如，在今天的生活

---

① 斯坦纳，《保持连接》。

中是什么让一个过世的朋友突然涌上心头？这是一个刺激，或引起我注意的温柔请求？当我内心停下来问候他时，我常发现自己面带微笑，并且身处一种强烈的连接感之中。

斯坦纳给出的一幅图景一直激励着我努力地与我关爱却又已过世的人保持连接：他建议，当我们生动地回忆与所爱的逝者共享的具体事件时，就是提供了一些非常重要的东西给他们。他说到，对于死者来说，经历这些记忆，穿越我们回顾的那些画面，在某种程度上类似于体验艺术作品给我们带来的生机与活力，大概就像参观博物馆或走进一个美丽的建筑空间，或者倾听一段音乐。斯坦纳这样表示："我们爱的思想、我们的记忆以及所有流经我们心魂与逝者之间的关联，对于逝者的世界来说，类似于在我们世界里的艺术创作。"[①] 如同艺术能够让我们从自然的生命过程中得以升华一样，我们的记忆也因此能够给逝者所在的世界一种额外的东西，一种向上、令人感动以及需要的东西。

逝者不是真的离开我们，他们只是不再被我们的物质身体所感知到而已。而我们也将在我们死后继续存在于灵性旅程中。灵性与物质是一个世界的两个方面，不是两个独立、不可渗透的领域。生活在尘世，我们的灵性通过物质存在提供的机会得以发展。死后以及下一世开始之前，我们消化学到的内容，并且为返回尘世做好准备；在尘世，我们将再次，通过自然界和人类发展的生长节奏周期，找到属于我们自己的那条独特道路。

---

① 同前，第 112 页。

第9章

郑重对待自我：走上内在之旅

在整本书中，我经常提及自我发展、认真将我们自己视为身、心、灵存在的重要性。在探讨生命阶段时，我提起过我们无法避免必须面对的挑战，就是在自我认知与个人责任中去成长，至少从中年到老年是这样。气质类型或性别对行为产生影响的方式也需要我们予以重视。如果我们想避免自己成为命运随机的倒霉蛋，抑或只是随机的幸运儿，如果我们确实努力寻求、探索生命中更深层次意义的元素，那么我们别无选择，只能随着年龄的增长，开始进行某种形式的内在省思工作。

我将内在发展这一章囊括进本书，并不是想表明世界上只有一种特定方式来回应身心灵发展工作的需求。我也并不认为自己是这个主题方面的权威。但我一生都是一名探求者，我的体验是，大部分现代人都以个体的方式，感受到一种日益迫切的呼唤，在看不见以及看得见的领域中去承认自我的内在核心，这既具有独特的个体性，也具有奇怪的普遍性。如果我们不是由于诸如过度劳累、休闲娱乐或者药物、媒体和虚拟世界的干扰，而掩盖了这个呼唤的话，那么我们就要面临挑战，去倾听来自现实中非物质维度里的提示。经由个人发展，我们的心魂有大量的工作需要做；我们的灵性也随着步入内在发展道路寻求获得新的力量。

在二十几岁时，我对自我完善非常感兴趣，而且我必须承认，起初我的某些部分认为，我在做内在工作只是因为我意识到它的重要性。我发现“生活本身就是一种静思冥想”这个想法很吸引人。我也具有一种强烈的社会正义感，并且非常想要服务他人。我用了几年时间才从内心真正明白，如果我想要对外在世界真的有用，就不得不投入时间和精力去探索我的内在旅程。我需要关注自己内在未被探索的维度，并且对于我周围现实中的多维度各方面变得更加清醒。我需要更加负责地接受自己与这个世界的关系，这包括与社会、环境和互相的灵性连接，以及在这关系中的内在必然的结果。

几年前，城市街道上开始出现很多健身房，这让我很受触动。它们如雨后春笋般在每个空闲的角落冒出来，通常是在大的玻璃窗后，是上班族或退休的人、艺术家、教师、妈妈和爸爸，他们在固定的自行车上奋力踩踏，或者在跑步机上进行慢跑。这些健身房和运动中心长时间开放，让人们可以在他们的“休闲时间”来上课或者锻炼。当观察到人们开始如此关注自己的健康、幸福时，我就在想为什么人们更容易重视物质身体的需求，而忽略灵性方面的健康。为什么每天辟出十分钟做内在练习比在健身房花一个小时更困难？体育锻炼的益处显而易见，但我不断地想象着一个全然不同的健康中心——内在健身房（The Inner Gym）。这绝不是说我非得自己来建立一所，但我确实感到它将成为一个非常重要的社会开创运动。（如果这个想法引发了你内在的创业共鸣，请采取行动吧！）

内在健身房将是一个给身、心、灵活动带来生机与活力的场所。来这的人不是在原地旋转或者跑步，而是去体验传记练习，从而明白生命旅途上的事件和模式。心血管例行检查将被伸展觉知从而进行鲜活的心灵思考所取代。对自然界的观察会让人们了解有机节奏或者生命生长和多样化的奇迹，并且在此过程中唤醒意想不到的崇敬感。在这里，不是听嘈杂猛烈的音乐节拍，而是会有空间体验内在的安静，鼓励倾听内心的声音。这里将有艺术活动，因为艺术，例如色彩、音调、塑形或平衡，会引发更深层次的感知，并且也为转化工作提供了实践。在这里人们也将有机会进行柔和、具有疗愈性而又好玩的运动。

在这个内在健身房中，有些活动可以通过班级来进行，还有一些可以通过与受训的传记工作者的对话来进行，这是一种新型的私人教练计划。这些活动可以对访客开放，也可对长期致力于修行的人开放。形成团体后，学员可以提供相互的支持。这个空间本身将是美丽、丰富多彩、吸引人、使人坚定的。

很明显，今天的人们正在他们的内在旅程中探索着多种途径。有些人寻求一种有意识的灵性发展道路，也许是在建立自己的冥想实践时深入研究各种各样的传统。还有人通过致力于诸如自然研究、艺术实践、日志记录、祈祷或者服务工作等活动，来深化他们自己。在缔造我自己的内在道路时，我发现有些实践和指导原则对我是有用的，有些思想方法和工作方式促使我更加清醒地觉察到尘世间奇妙和挑战的生命维度以及我周围的恩赐和需求。看待这一章的方法之一，就是当我是在努力地描述在一个真的内在健身房中能够体验到的一些活动。

我已在整本书中陈述过，年轻时我就被鲁道夫·斯坦纳关于人类本质和人类意识演变的观点所吸引。很快我明白了“人智学”（Anthroposophy）——他如此命名他的工作成果，人智学不仅仅是一个用来研究学习的知识体，实际上我开始发现它更是一条重要的意识觉醒的道路。*Anthroposophia* 这个词来自于希腊语 *Anthropos*，意为“人类”；*Sophia* 意为“智慧”，同样也是智慧女神索菲亚的名字。人智学已经被翻译为“人类的智慧”，或者“人性的觉悟”。然而，我认为它也意味着“人类逐渐走向智慧”，实际上是走向宇宙的智慧。

谈到内在道路，斯坦纳并没有说只有一条正确的路可以走。他阐明这些灵性真理是因为他经历了这些；他谈及这些不同活动的结果，而非要求我们去遵循某一规定的练习。他所提供的建议，是在一种“你可以试试这个”的氛围中，期待他的读者能够有足够的自我认知，从而不断地探索出他们自己需要关注的领域，并且每个人为自己在这条道路上逐渐呈现的高层自我发展出下一个步骤。甚至当他从自己的灵性研究中发表声明时，他仍叮嘱他的听众不要只相信他，而要去做属于他们自己灵性探索的工作。一开始，我感觉要为自己打造前进的方向负责任是非常有挑战性的，但我同样也深深地感激他对个体自由的深刻尊重，以及他始终坚持的观念，那便是，任何诚实、坚定地努力的人，都能够找到他们自己前进的道路。

我的内在练习，或者也可称为我进入冥想静思的旅程，是经过多年逐步形成的。当现在对此进行反思时，我认识到有三个重叠的领域需要关注。有些活动引领我回顾过去，有些使我非常集中地去经历当下，也有一些为我打开了来自未来的未知的东西。当然，过去、现在和未来都不是我们意识中固定的点，而且我也不想将这些练习描绘成我的专属领域。或许别人会被我将要提及的这个或那个练习放在一个不同的领域里。我只是在这个广阔的主题下尽量组织我的思想。在做这个努力的过程中，鲁道夫·斯坦纳强有力的著作《基石冥想》（*Foundation Stone Meditation*）给予了我很大的帮助，它呼吁人类心魂进行三个伟大的实践：灵性回顾、灵性感知、灵性觉察。这种想象为我想要描述的内容提供了一个焦点。[①]

1. 练习灵性回顾

我是如何逐渐成为现在的样子的？是什么创造了人体这个奇迹？是什么力量在自然、山脉、海洋、沙漠等非凡、多样的生命形式中发挥着作用？在人类意识的发展中，在历史的演变中，在宇宙的进化中，是什么奥秘在运作？关于我们个人生命，以及社会、环境和周围世界灵性维度的很多问题，都吸引我们在所有多种多样的表现和过程中成为创造本身的探索者。

我们被召唤着用许许多多的方式来回顾过去，并且因此开始研究学习。我们思考他人的探索和理解，而且他们表达思想的方法决定了我们自己理解的可能性。在很大程度上，教育的大部分内容是为我们在空间领域辨识方向，为我们精心打造我们坚持方面的基础和尘世活动所栖居的身体。我们可以练习观察自然界，让它引领我们去体验发生作用的自然法则。我们可以做传记练习，打开门进入自己成长中的人生故事。我们可以反思行星对我们产生的影响，或者去思考业力的法则。在安静的静思冥想中，我们会开始打开自己，超越普通的认知方式，达到被日常意识所掩盖的灵性实相的维度。

忆起（*Remembering*）和**追忆**（*Recollecting*）是用来表达回顾这个工作的另两个词语。这不是单纯追求智力，也不仅仅是关于记忆，而是关

---

① 斯坦纳在1923年12月重新建立人智学协会时带来了《基石冥想》。关于这个冥想有很多种翻译，我所指的是北美言语与戏剧艺术协会（the Association for the Arts of Speech and Drama in North America）会员所译的，在美国人智学协会的《基石冥想》手册中（1998）。欲作进一步研究，请参看伊曼斯·凡·艾米霍恩（Zeylmans Van Emmichoven）的《基石》（*The Foundation Stone*）。

于再次成为一分子（*re-membering*）——将实相的碎片再次组合，带入我们的意识，相信细节，揭示更深层的真理，把起初没有任何关联的现象并排地放在一起，并且允许创造的力量在我们的内在说话。

有很多内在练习能帮助我们在灵性层面上去关联过去发生的事情。[①] 其中有一个已经成为我每日练习中非常有价值的一部分，那就是入睡前回顾一天。可能我们很自然倾向于这么做，但是否有可能超越我们所习惯的回顾日常事件的方式——一遍一遍地重演我们对犯的错误、一场特殊对话或者遭受不公正时的感受？只要仍被卡在了这个沟槽里，甚至有“如果当时我们有不同表现就好了”的想法，那就既无法感知一天当中意志的深层作用，也无法让“自我”进入所发生的事件中。

当回顾一天时，我们能否努力将自己视为陌生人，从局外观察发生的事情，不带有丝毫的评判、遗憾或者骄傲？斯坦纳建议用倒序的方法做回顾，从晚上到早晨；“我们实事求是地观想这些事情，但不束缚于感知的次序。”[②] 这会立即使我们脱离自动回放。我们必须更加清醒地去看一天的图景，更清醒地观察实际的起因正是随后作为结果所经历的东西。通过观看这一天倒序展开，我们常规的经历时间的习惯会被改变，并且这也加强了我们观看内在图景的能力。

每日回顾不应花费很长时间；实际上，通过练习，只要几分钟就足以让你从现在回看至早晨这一天的流动。但容易出现这样的情况：我们会失去专注，发现自己卡在重新去处理一天中棘手的事件里，思绪飘到一个

---

① 关于内在道路练习的细节描述，可以参见鲁道夫·斯坦纳的《如何认识更高层的世界》（*How to Know Higher Worlds*）。《日常生活中的人智学》（*Anthroposophy in Everyday Life*）记录的演讲中也有很多有用的练习，例如《思想中的实用性训练》（*Practical Training in Thought*）。

② 斯坦纳，《奥秘科学大纲》，第 319 页。

不相关的话题上去了，甚至可能靠着床睡着了。不必绕更多的弯路去责备自己，当这种缺乏专注力的情况发生时，最好的办法就是简单地回到回顾上，而不必费心责备自己。一旦我们的倒序回顾到了早晨，关于刚过去的一天，我们就可以不带有任何牵挂地入睡。此时我们已经准备好进入睡眠为我们敞开的灵性世界了。

当然还有很多其他的方式可以去练习灵性回顾，例如，在花园里回顾这一年的经过，尽可能无我地去反思一个社会难题，深思一个历史事件，或者回忆生命历程中为我们打开大门的人。此类回顾活动能强化了创造力的庄严感，通过这种庄严感我们得以存在，同时加强对尘世存在基础的信任。当辟出空间作这类的反思时，我体验到感恩从内在升起——感恩太阳温暖我，大地支撑我，感恩我热爱的工作，我心里亲爱的人，甚至是曾经伤害过我的人。所有这些都是“我的正在成为”（my becoming）的一部分；所有这些都激励了我有更强大的意志去绽放。我感觉到自己是宇宙、业力奥秘的一部分，这奥秘远超出我的理性理解；但我也知道，以我自己微不足道的方式，或被赐予伟大的天赋和充满意义的挑战。带着谦卑和再次被唤醒的责任感，我体验到自己充满活力，并且在物质与灵性的世界里持续不断地成长。

2. 练习灵性感知

尤其是在我们生活中的感觉，我们知道自己处于当下，在时间的持续之流中感觉到我们的活力。但是我们如何在生命流动的节奏中真正关注到当下这一刻的丰富与完整？我们怎样才能觉知现在正发生着什么？我们如何尊重当下的感觉，而不屈服于过去或未来的拉扯？**灵性感知**（*spirit sensing*）这个短语有时也被译作**灵性觉知**（*spirit awareness*）或者**正念**（*mindfulness*）。保持正念的目的在很多灵性传统中是众所周知的，我们如何来练习当下心灵与头脑所需要的专注力？“**当下**”的体验又是怎样的呢？

如果我仔细地观察一朵花、一个孩子、一场日落或者一个想法，透过回忆，我就可以慢慢接近它存在形式背后的创造性力量。在观察的行为中，我也能够体验到对面前这特定奇迹的敬畏与惊叹：这朵花的形状和生长模式，这个孩子红润的面颊和蓬勃的朝气，这场日落时那难以置信的色彩排列，或者这个想法的复杂和维度。当抱有真正的兴趣时，我会停下来去真正领会眼前的一切，我的感觉与面对的事物合而为一。但是在忙碌的生活中，我们通常都负担着我们所承载的一切，又担忧着未来，我们只能匆匆一瞥，仅看到表面。我们错过了当下这个时刻中真正的奇迹，没有真正处于当下，去面对眼前的事物。

鲁道夫·斯坦纳说到心魂的一种基本状态，这种状态同样也是任何真正灵性发展道路的起点：“崇敬以及奉献于真理和知识的态度。”① 这种感觉必须在当下这一时刻被不断地唤醒；如果我们只是昨天感觉到崇敬，或者计划明天去感受它，那是远远不够的。我认为，作为现代人，我们必须承认，崇敬或者奉献的感觉对我们来说并不总是那么容易。我们所接受的教育让我们非常擅于批评，去挑出一个人、一个想法、天气或者经济的问题。甚至小孩子都有一些在图片中找错的游戏，孩子也被教导去批判地审视陌生人以及他们还不知道、不理解的事物。可是，如果我们平日看待世界的习惯与灵修必备的起始心态大相径庭的话，那么这项内在工作将无法以健康的方式得到开展。如果我们一整天都在找毛病，又如何在十五分钟的内在练习里开放地去接收真正的灵性感知呢？即便我知道我所说的话中有矛盾，我也仍要这么问，因为我能回想起，很多

① 斯坦纳，《认识更高层的世界》，第 16 页。

次真正的惊叹离我如此之近，只要我肯停下来，做一个内在的反转，然后真正地去观察——书桌上那凋萎花朵的色彩，或喂鸟器上小松鼠那永无止境的机灵敏捷，又或者是我先生那温和慷慨而又疲惫的面孔。

但是我们需要对内在反转这一行为保持清醒。否则“不予理会”这种无意识的习惯实际上会削弱我们的人性，从而阻碍我们敞开胸怀与世界相遇，以及灵性发展的健康方法。在现代生活中确实有很多东西需要批判性的关注，那我们如何养成正确的判断，而不是产生怀疑、消极和恐惧呢？我们如何培养惊叹，让心魂给敬畏和尊重留有空间？我们需要透过专注于值得尊重的事物，为自己准备内在视觉。生命中的大事件——婴儿诞生、意外事故、参加葬礼——找到我们，时时刻刻借由灵性临在激发我们对敬畏的体验。在看似日常生活的小事中，打开自己去感受惊叹和投入，这更具挑战性。然而我们周围总是存在启发灵感的人、重要的想法和大自然的奇迹。当我们可以对他们所包含的真相保持开放的兴趣，而去认识他们时，我们就引出更深层次的认知。

斯坦纳在《如何认识更高层的世界》的第一章中，提到另一个内在工作的先决条件是需要创造内在平和的时刻，在其中可以练习分辨事物的本质与非本质。在我们忙碌、嘈杂、电子化和身心散乱的生活中，内在平和如同崇敬一样不是被直接赋予的。我们需要在一天中创造一些停下来的时刻，从而去反思，重新与真正重要的事情连接。辨别本质需要觉知和一颗开放的心；事件、想法或者感觉不会带着宣告自己重要性的标签来到我们身边，这些也并非智力运作的结果。我们学习通过实践练习来分辨，而这种学习需要内在宁静的空间，我们从而可以变得更加强大而自信。然后我们可以开始听出隐含的意义，听到在生命中回响着的连接的节奏。

但通常我们的意识都充满着川流不息的独白、焦虑、待办事项、广告音乐、回放某个挑战性的对话等等，这些话语、图景、歌曲如同河流，很难停止流动。甚至当我们安静地坐下片刻，那嗡嗡声也在继续。这些不间断的噪音和干扰阻碍了注意力流向它该去的地方，那怎样才能让它们停下来呢？我们越是告诉自己要安静下来，这些干扰就会变得越离谱。然后脚开始发痒，一只苍蝇在窗边飞来飞去。用片刻时间去承认每一种分散注意力的事物，点头表示注意到了它，从而让它安静下来，这样做可以有所帮助。有时候设定一个图景也会有帮助：想象牧羊人赶着他的羊群去睡觉，或者太阳消失在逐渐变暗的小山后，或者一锅汤慢慢煮沸，又到静止。我们的目标是去平息“普通自我”的喧闹，以便“高层自我”能够参与真正的灵性感知。亚瑟·扎荣茨（Arthur Zajonc）在他优秀的作品《沉思探究般的冥想》中，将这种做法称为“寂静自我”的诞生。[①] 只有在一种内在宁静的状态下，“高层自我”才能真正感知到那看不见的灵性正在运作。

有很多种类的练习都可以帮助我们找到平静的中心和内在的觉醒，来进行静思冥想和灵性感知。在内在道路发展的不同阶段，我发现六项基本练习非常必要。斯坦纳多次描述过这些练习，指出这些练习可以作为必要的补充性活动，来平衡其他冥想练习的片面性。处于初级水平时，这些练习帮助我们在思考、意志和情感领域中保持中心，同样也练习正向性和开放性。这项工作强化了我们的“普通自我”，譬如加强自信、专注和稳定，同样也对于“高层自我”平衡地显现至关重要。[②]

---

① 扎荣茨，《作为沉思探究的冥想》（*Meditation As Contemporary Inquiry*），第 30 页。

② 斯坦纳，《奥秘科学大纲》，第 310–316 页，以及斯坦纳，《现在开始！》（*Start Now！*），第 109–118 页。这些练习的细节描述同样可以参见扎荣茨，《沉思探究般的冥想》，第 67–89 页，以及利普森（Lipson），《惊喜的阶梯》（*Stairway of Surprise*）。我在《更多生命方式》（*More Lifeways*）中同样将此作为对家长的辅助也描述过这些练习，第 11–20 页。

这些练习通常都被描述成思考的控制、意志的控制、情感的控制。对我个人而言，我发现将它们作为集中注意力来采用，这样会很有帮助。“控制”（control）这个想法有时会让人变得相当激烈，但是我们需要用一种友好的方式让它在我们身上发挥作用。思考、情绪和意志是心魂全部的活动，并且，在任何点上“自我”都可能会在其中失去平衡，或者只有部分出现，在我们身上起作用。举例说，当你正听一个朋友讲述最近的一次冒险时，你是否发现自己内在正在罗列购物清单，或者回忆早餐时你跟女儿的对话？又或者这种注意力分散在当你学习、祈祷或者冥想一段著名颂词时。我们的心灵多么经常地充满思想的陈词滥调，以及从昨天、他人或媒体获得的呆板想法？在意志方面，可能你开始准备去耙扫院子里的树叶，但在去的路上你却分心去清扫门口，这又提醒你要去整理邮件。接着电话响了，不知不觉天黑了，你无法再外出干活，于是清理树叶就跑到了未完成的任务列表上。在这些情况下，确实有一些想法在你那里持续，你也完成了一些任务，但是你有意识的“自我”在哪里？你是否发现自己纳闷到底是否有人“在家做主”？我是**怎么**想到那件事的？或者**谁**做了那件事？如果我们想要信任自己在当下这一刻可以非常有中心，可以保持清醒，那么就需要练习积极主动地处于当下。下面的练习能非常好地帮助我们在基本心魂活动中保持中心，为灵性感知的可能做好准备。

思考

第一项练习针对的是思考，需要在内心思考一个简单的人造物品，比如一个杯子、一把勺子、一根针或者火柴。我们将注意力主动地带入属于这个物品的相关思考中：它的功能、形状、来源，它是由什么制作的，如何做成的，如何分装；或甚至将勺子与叉子或者将杯子与碗进行比较。

尽量不要从一个念头跳到另一个念头，而要尽我们所能在心之眼内跟随物品本身的物质展现，在思想上构建实际的形状。尽管做这项练习可以促使我们更仔细地观察身边的小物件，然而在做练习时，不要将物品置于面前，而是闭上眼睛，尽可能清晰地描绘它的形象。这既培养专注力，也练习客观性。

做这个练习的时间不需要超过五分钟，但是需要有规律地来做，开始时或许可以确定在一个月之内每天都做。尤其是起初，最常见的就是思绪飘走，你发现自己内心里正回忆着跟同事的争论，或者想起最近的一次社会事件。如果这种情况发生，只需回到物品本身，因为如果你继续反思自己如何走神的话，那依然还是跑题了。你可以连续几天练习同一个物件，或者每天选择一个新的物品来做练习。重要的是，在当前的思维中，你是积极主动的，而并非被动地再想一遍昨天的内容，或者随便抓取一些关于这件物品你所了解的碎片信息。随着你给所思考的物品所固有的客观思想开辟了内在空间，这个物品的本质就会开始对你说话。

意志

第二项练习引领我们进入意志的领域。在开始下一步之前，首先从你的意志在哪里这个角度回顾你的一天，这会非常有帮助。这一天是什么在推动着你——自己的欲望、外在的义务，还是他人的希望或需求？你有计划吗？你是散乱的，被驱使的，还是漫无目的的？你如何面对与原本打算不同的、意想不到的挑战，是灵活、被动、僵硬或有意识地？你是不是日复一日地背着一个大背包，里面装满了没有完成的决定？这样的自我评估通常都能说明第二项练习的有效性。有很多东西可以说明，意志真的很神秘；到底每天是什么在推动着我们，是什么让我们去做我们所做的事情，在这整个维度中我们基本上都是沉睡的。尽管如此，我们可以去练习更加集中精力去塑造和实现我们的意图。

意志练习表面看起来很简单，实则不然。它要求我们确定一个目的，然后真正每天都坚持去完成它。你在一天中选择一个固定的时间，去完成一个几秒钟就能做的无关紧要的动作，例如挠挠耳朵、转转戒指、看看窗外等，等那个时间一到，你就去做这个动作。动作要求简单，因此排除了没有充足时间来做的借口。我们选择不必要的事情来做，是因为这是一项为了构建能力而有意识地去做的练习，并且它的唯一目标就是完成自我决定的任务。喂狗或者浇花都是出于它们的客观需要来要求我们有所作为，因此不算入这个练习。显然，这个练习不是关于钟表的时间，或者强迫性地盯着那个时刻，更没有必要设定你的手机或者电子表来提醒。但你可以决定在早上刷牙后或者晚上入睡前去完成这个任务。重要的是开始去聆听来自内在的行动提示。当你第一次尝试做这个练习时，可能刚开始几天进行得不错，然后突然间你意识到一个星期过去了，你压根都记不起来去做这个动作。怎么会发生这种情况？那个目标去哪儿了？曾经有多少更有意义的决心同样从你的意识中消失了？留意我们如何贯彻自我决定的目标，这种重要性会不时地向我们展现出来。

下一项练习是关于我们的情绪，但是在开始之前，我想先分享一下当我写到这几页内容时发生的一件事。那是一个安静的星期五，我花了几个小时编辑的段落，书写那神秘而通常又沉睡的意志部分。然后我写下笔记，注明接下来我想用这样的方式描述情绪练习：让读者清楚这项努力不是要压抑真实的感受，而是找到自我中心后，从中真实、平静地表达感受。接着，我不小心把之前写的内容都删除了。怎么会发生这样的事？是怎样的沉睡意志潜伏在那“不用保存”的提示下，一次点击瞬间删除了我几个小时的工作？随之而来的就是我非常真实的情绪反应……

或许你已经听出来了，我在缺乏平静的情况下表达着我的焦虑！当我平静下来后，打电话给我的作家儿子，他非常贴心地同情我，并向我保证，如果我点击了某个特定提示，那么只能重做一次了。于是我按照他说的做了，依然带着对这些练习的热情，因为我知道它们能够培养中心意识，建构专注的能力，但是我需要足够谦卑地告诉你们，我也知道这项工作永远做不完！

感觉

第三项练习引领我们在表达情绪时练习平静。当我们感受强烈时，是不是通常都是出于纯粹的习惯对之进行反应？我们愤怒抨击他人，自怨自艾，被悲痛控制，或者被恐惧折磨。情绪如此强烈地淹没我们，以至于让我们“有若疯狂”（beside ourselves）。我们能否在这些情绪向我们诉说时找到自己的中心，从而表达需要表达的内容？这项练习绝不是为了减少我们的体验或者剥夺分享真实的情感——我们依然有哭的时候，有表达快乐或愤怒的时候——它是鼓励我们找到适当的方式，内心平静地去表达情绪。这种适当并不是某种抽象的标准，而是依据当时的情况找到与自己的关系。当我们让情绪在内在回响，它能揭示出深刻的真理，而这真理却很容易在反应式或者习惯性的表达中消失。我们的情绪是使者，告诉我们关于这个世界的内容，因此我们需要一个开放的内在空间，安静的间歇，可以在其中接收信息，并且找到真实的回应。如同之前建议怎么开始意志练习一样，从你情绪体验的角度来回顾一天，这也会很有帮助。你是什么时候觉察到你的情绪的？你是不是诚实地表达自己？或者掩饰了你真正的感受？你是否偏离了中心，或者是直接反应式的、无回应的、关闭自我的或者虚伪的？你表达情感的方式是对你的关系有帮助，还是导致了意想不到的后果呢？

这个练习不是承担特定任务，而是为情感生活带来意识。可以做这样的练习，你可以回顾一个场景，在其中你意识到自己“失去理智”，注意一下是什么引发了你这样；然后想象一下，如果你处在一个内在更平衡的地方会如何反应。或者你可能看到自己没有任何感觉的时候，这是一种内在麻木，它妨碍了你去感知发生在自己周围的事情。我的经验是，这种对日常体验的关注逐渐开始帮助我更加觉察一些时刻，比如当我处在因为习惯、性格、疲倦或者生气的边缘要进行反应的时刻。我不能说在这样的时刻我总能找到平静，但是当我多停顿一下，想起我的自动反应几乎没有任何益处时，在那具有更高觉知的瞬间，有时候我能找到更有分寸、更有创意的方式来表达真正重要的东西。在之前的章节中，我谈过“**双重性**”，我们反应中的无意识部分通常都会遮蔽我们的最好的用意。我发现这项练习在警示我的双重性出现时格外有帮助，阴暗面中旧有、未消化以及限制部分都会阻碍我完全地活在当下。当我能够在内在保持中心，对自己真实的情绪体验负责时，双重性就不会再掌控我的行为，我将更加有活力，与周围的世界更有连接。在现代生活中，有太多东西可以让我们快乐，让我们痛苦；这项练习的实践对于我们敏锐、值得信赖的当下存在感非常有帮助。

正向

之前我也提到过，现代人多么容易就陷入以批判为导向的方法来认识世界：我们很会去找政治局势、配偶、孩子的老师或者通勤交通的各类问题。当听到朋友被诊断出癌症，我们会感到难过，失去朋友的痛苦吞噬了我们。第四项练习正是当处在不能或者不应该被忽视的问题中时，练习积极性。唤起清醒的思维和平静的情绪后，现在又向前迈进一步，去探索有价值的东西，在可能客观情况下比较困难的事物中，找到一丝一毫的善。如其他的练习一样，这个练习也非常有助于你回顾自己的一天，它是从积极与消极相对的角度来看。你是否在某个点上意识到自己被笼罩在消极的乌云下？或者陷入流言蜚语、怨天尤人？你是否在有些时刻欣赏别人的行为或想法？如果是这样，那感觉如何？是否在有些时刻你感到自己对别人充满嫉妒或者评判？你对自己的评价如何？是否总是在批评自己的发型、体重、工作或者缺乏雄心壮志？

这个练习挑战我们去超越第一印象，去超越盲目的偏见，在别人身上找出他良善的核心，并坚守于此。在描述这个练习时，鲁道夫·斯坦纳经常引用一个关于耶稣基督的波斯传说。耶稣基督与他的追随者走在路上时，碰巧看到一条死狗。其他人都厌恶地向后退，但是耶稣基督靠近仔细观察后，评论了这只狗美丽的牙齿。[①] 这并不是对腐烂尸体的否认，而是它本身具有正向表述。这个练习的挑战正是让我们在日常经验中找到并坚守那“美丽的牙齿”。作为一种练习方式，我们可以去想一些对自己而言是真正的问题的事情，例如污染问题、青少年过度使用手机发短信、中东地区局势持续动荡或者一个专横的同事。当我们于内心观察这些时，努力在这些困难或者威胁我们的情况中找到希望、美丽或者尊重的线索。我们希望最终能够在自己坠入自动消极的时刻抓住自我，或者有勇气去拓展并转化一段充满抱怨或绯闻的对话。我们能否从自己内在出发，探索出更全面完整的图景？通常，透过搜寻我们欣赏的东西，积极正向的感受情境会拓宽，这样我们就能用更加全面、具有中心的方式去处理所面临的挑战。

开放

第五项练习是，在遇到新事物，例如看似不可能的想法、在非常了

① 斯坦纳，《奥秘科学大纲》，第 315 页。

解的人身上呈现出意想不到的品质或者再次思考自己时，不时地需要“自我”有意愿保持开放，保持中心。在不去颠覆我们已经知道的一切的情况下，我们能否练习准备继续学习、接受不同观点，甚至接受犯错？同样的，你回顾自己哪里开放哪里封闭，这会有所帮助。你能否看出自己的习惯、恐惧或偏见所在之处如何决定了你对待一个新的想法、人或者社会局势？你是否发现自己一直在想“那太荒谬了！”“我才不会这么做！”或者“他总是这样……？”如果你发现自己开放地接纳一些新事物，那么是什么促成了你这么做？是别人的坚持、你自己有意识的努力或兴趣，还是承认所产生的冲击？你能否尝试一些动摇你有序世界观的想法？你能否对矛盾保持开放，信任更深的真理可以自己向你展示出来？固守于传统、日常惯例、熟悉的印象是容易的，尤其是随着年龄的增长。年幼的孩子对他们遇到的任何事物都有新鲜的兴趣；但是作为成年人，我们有自己喜欢的思维习惯、解读世界的方法，以及给我们带来安全感、已经成为自己一部分的行为。因此我们会卡住，仿佛已经停止生长了一样。在我们的思考和对语言的使用中，会导致陈词滥调；在抗拒差异性中，我们可以找到一切偏见的根源。

我们需要带着客观的思想去努力，从而激活意志来练习开放。我们能否探索多样性，真正打开自己去面对各种不同？能不能找到一些例子，一个意识到关闭自己的时刻，至少在回顾中打开那些囚禁我们思想或行为的大门？通常我们都被别人所期待，甚至是被自己所期待，用固定的方式对某些道德、社会、艺术或者政治思想作出反应。相反，如果我们听取了别人提供的新东西以及自己的思想如何演化，那会怎样？例如，当我们听说一位年轻人热衷于去做一些在我们感觉是行贿的另类做法时，能否不自视高人一等而将自己封锁起来？我们能否尊重他新鲜的探索，准备接受意想不到的细微差别？我们能否捕捉到日常习惯将自己关闭的时刻？许多年前，在我参加的一个结婚四十周年庆典中，这位受尊敬的丈夫谈到了他和他的妻子如何每天都在对方身上找到令人惊喜的事情。当时我不到 30 岁，我还记得在看着这对老夫妻时，心想这样的事怎么可能。现在，我自己的婚姻经过了 45 年，我很感激这不断更新着的努力（即便不是每天都做！）以及这句话背后那触动心灵的回报。练习打开自我，以及在整个一生中持续学习，这会丰富我们每日的体验，加强我们的创造力，加强对探索的信任，使我们准备好去迎接实相中更新的维度。

和谐

之前的每一项练习都进行了一段时间以后，我们所面对的挑战是，用一种平衡的方式将它们应用于不同的活动领域，并将此作为持续内在练习的一部分。通常人们都是在他们日常活动中，每项练习做一个月，同时尽量不忽略之前做过的练习。第六项练习是关于在规律的基础上，和谐以上不同的活动。如果认真对待这项建议，知道它是我们内在工作的基础，那么我们会随时辨识出哪些领域需要格外的关注。我在哪里偏离了中心？如果看到我的思维经常散乱，我知道自己需要集中一段时间关注思考的中心。如果我发现无法完成自己设定的任何事情，开始意志练习将会提供支持。或许我认识到在情绪中有过度的反应，那么第三个练习则需要格外注意。同样，如果发现自己容易陷入消极或者经常拒绝新思想、新体验的话，可以用第四和第五个练习来强化“自我”。我常常想，这些练习就像一颗五角星。第六个练习就是星星本身：当连接线连接起五个独立的点时，这颗星星就形成了。这种不同部分交织在一起是要大于一加一加一的，并且这个整体因此开始发光，从独特、有中心的“自我”中向外照耀世界。

随着实践这些不同的练习，我们会建立起多种能力。就好像练习音乐的音阶，这样手指才能自由、真正地从心演奏乐曲；也像进行体育锻炼，这样我们才能健康、强壮。做这六项基本练习可以加强“自我”，使它能够更充分地处于当下去生活，去面对当今生活中多重挑战。很多年前，约翰·戴维（John Davy），英国爱默生学院（Emerson College）的一位朋友、同事，因为他正在写的一篇文章，采访了伊丽莎白·库伯勒－罗斯（Elisabeth Kübler–Ross）。她刚完成了一本很重要的著作，叫《关于死亡与临终》（*On Death and Dying*）。约翰非常感兴趣的是，她如何清晰地说出了那些面临严重的疾病或爱人死亡的人通常所经历的阶段。他看出人们在紧张的生活环境中需要经历的考验，其实跟六项练习涉及的活动范围是相同的：**否认**（*denial*），这个坏消息可能真的是真实的，这是没有能力把控正在发生的想法；**愤怒**（*anger*），是意志明显缺乏控制时的反抗；**讨价还价**（*bargaining*）（“只要能活到我女儿婚礼，我保证戒烟！”），是在动荡的情感中努力找到平静；**抑郁**（*depression*），源于在困难的情况下无法看到正向的东西；**接纳**（*acceptance*），给未知的前方带来开放。约翰饶有兴趣地了解到，在库伯勒－罗斯的书中，她描述到，当人们经过这五个阶段后，随之而来的阶段被称为“希望”，一种新的态度诞生了，那就是找到内在的平衡，平和地去面对命运即将发生的一切。①

从个人带着伤痛的体验中我知道，这些步骤是多么真实，在恢复内在平静的过程中它们又是如何在不同层面上重叠和循环。我非常赞同约翰的观点，这是一个原型的连续过程，对于疗愈和支持发展中的心魂和灵性至关重要。自愿主动地实践这六个练习，等同于开垦了内在这些活动领域的土壤。当然还有很多其他的练习同样可以帮助我们深化感知能

① 这个六项基本练习与库伯勒－罗斯所发现的阶段之间的对比，在约翰·戴维的文章《发现希望》（*Discovering Hope*）中有所阐述，《人智学评论》（*The Anthroposophical Review*），5：2卷，1983，第27–32页。

力。我特别选择来谈论这组六项基本练习，是因为我知道它们行之有效。它们帮助我们内在充满自信和智慧去面对生活；除此之外，它们还加强了正在显现的“高层自我”，而它会唤醒灵性感知的全新的可能性。

3. 练习灵性觉察

觉察意味着什么？再进一步，觉察灵性又意味着什么？“觉察”（beholding）这个词中隐含着“看”（seeing）的意思，还意味着去看更伟大或者不同寻常的东西，一些值得我们付出努力去看的东西。但这同样也需要我们在自己的内在保留一个空间，迎接将要发生在我们身上的事。我们可以展望未来，或者跨越正常感知的界限。我们正面对未知，可通常情况下，我们所了解的以及从过去传统所继承的，我们的思维、感觉以及存在方式阻碍了开放的观点。我们可能已经装得太满了，无法接受任何新事物。在当今这个以答案为导向的时代，我们自身如何能成为一个鲜活的问题？我们怎样才能修得内在的宁静，从而开放地去觉察那带来启迪的灵性之光呢？

鲁道夫·斯坦纳第一本重要的书是针对人类的自由问题的，他探索了思维的本质，以及身体、教育、传统和过往的经验如何使我们受困于过去。斯坦纳指出，自由的潜力存在于他称之为道德直觉（moral intuition）的地方。这本书被翻译成多种语言，其中英文版的题目是《自由的哲学》（*The Philosophy of Freedom*）、《灵性活动的哲学》（*The Philosophy of Spiritual Activity*），最近的译本题目为《作为灵性道路的直觉思维》（*Intuitive Thinking as a Spiritual Path*）。将这三个题目罗列出来，这可以提醒我需要在灵性觉醒的道路上以及日常生活中去实践、练习灵性觉察。是否有可能带着一个问题或者一个需要作的决定开放地生活，这样才能够自由地凭直觉找到答案？我能否平静地觉察这特定情况下“正确的”答案，不因为任何外在或者内在的压力，而是因为我知道这是正确的过程，即便它或许与传统智慧、理性评估、甚至自己的愿望相悖？这种灵性觉察也同样是一种对于灵性目标的倾听：我的业力意图以及（或者）更广阔的宇宙实相是什么？我能否自由地将思想之光带入正在感知的灵性真理中？

你是否有过这样的处境：关于如何向前迈进没有任何想法，无法想象下一步会怎样，任何你从过往经验中了解的一切似乎都没有用处？这种情境可能会出现在身体处于危险状况时，在考验一段关系时或与客户的一次对话中，或者在一次糟糕透顶的教学中。在这些时候，我的经验是，如果不逃跑的话，总有一个时刻是我不得不放弃想要控制接下来会发生什么的想法。作为默默的祈祷者，我的内在自我，只能寻求帮助。然后，当我放弃了一切，甚至包括恐惧，处在一个完全不知所措的状态时，答案就出现了，我知道该做什么了。此外，我的内心还升起莫大的感恩。在那一瞬间，我知道我被灵性指导承载着；并且，当我意识到曾经忘记一直存在在那里的事物时，我也变得更加谦卑。我逐渐感受到，灵性觉察的那一部分正是更加有意识地寻求帮助，这不是等待有需要的可怕时刻，而是练习清除我自以为聪明的全部想法，给予一个开放的空间，让即将到来的事物能够在其中呈现出来。

有一个写作练习可以激发我们去感受灵性存在就在我们的生命中。我已经与一些学生和小群体做过这个练习，也可以自己一个人做。这个练习包括给你的天使写一封信，诚实地说出你的心里在想什么，如果你有问题也可以寻求指导。我并不是假设大家读到这里就一定要以写信的方式给你的天使，或者你一定要觉得你有一个天使。你可以把它想成是写给你的“高层自我”。可以用一种好玩的方式开始，只要写上“亲爱的天使”，然后从这里继续下去。接着把这封信放到一边，去做其他的事情。

过一段时间后，可能一个小时以后，再次坐下来，不要重读你的那封信，开始从你的天使的那边给自己写一封回信。你可能会惊讶于这无形的存在对你说了什么，以及在回信中表达出来的爱与支持。至少这种练习可以激活你“平常自我”与更高层意识之间的内在对话。

当然，做此类练习存在的一种危险就是我们只专注自己，以至于加强了现代社会以自我为中心的倾向。我的体验是，天使的回信实际上能够惊人地提醒我们克服自己的狭隘，超越那容易填满我们的渺小。我们还能做什么练习来训练无私，从而为真正的灵性觉察创造必要条件呢？自然观察可以培养我们的客观性，例如做儿童研究或者关注气质类型。特别重要的是，在观察时，要学会克制自己的好恶，因为它们只提供了关于自己的见解，而对于正在研究的事物毫无重要性可言。

正如前文提到的，观察练习包括探究过去，以及开放地关注目前呈现在我们面前的东西。我们可以深刻思考这形成自然物质或人类才智的创造力，同时，对于当下正经历的一切也充满崇敬。甚至有可能通过灵性觉察去发现尚未展现出的东西。在整个春天仔细地伴随一株植物的生长，通过安静的观察或者简单的铅笔素描，可以培养无私的自我，使之得以发展。随着日复一日地将注意力放在这株植物上，我们开始注意到一些细小的生长环节，而这些微小的步骤是属于生命不断演变的整体。我们打开自我，觉察本质。或者我们也可以在一种不同的内在观察中，例如一位体贴的老师或家长在内心保持着一个孩子平日的形象，以便对孩子的潜力打开一个新视野。感知在年轻人身上的灵性正在逐渐形成，无论是对成人还是对孩子来说，这都是一份礼物。这需要细心的自律，不将自己的希望和野心强加到孩子的发展上，而是无私地服务于这个生命存在健康的形成过程。

在我看来，艺术实践是另一种唤醒灵性觉察的方法，至少当艺术作品不单纯是一种物质产品时是这样。创作的行为是艺术家与所选择媒介的一场对话，艺术作品从而得以形成。这其中包含去倾听会谱写成什么样的东西，或者在色彩和形状的世界中观察它将成为怎样的一幅画。小说家或剧作家会在内心觉察人物角色的互动和演变，这也是找到合适的词汇和叙事形式来体现他们的一个过程。在诗歌中，节奏和语言的意义可以描述看得见的世界，而诗人的艺术却是去感知心魂与灵性那看不见的领域，并与之交流。

很多冥想练习都是从认真地建构一个图像开始，例如选自大自然、我们的生命历程、情感体验、一个词语或者短语，或者一幅象征性的图画。专注于自创的图像，在心中保持着它，仔细聆听它与我们的情感所产生的共鸣；我们可以再向前近一步，将观想的图像清除，在内心里脱离它，但是并没有减少内在注意力，如果我们能够在这清空的意识内依然保持清醒，没有任何期望，那么一种“后像”（after-image）将在我们的内在觉察中自动呈现出来。亚瑟·扎荣茨用非常详尽的细节描述了这个过程，他称此为聚焦专注与开放专注之间的运动。[①] 我们深深地带着一个问题去生活，无私地将它奉献给灵性之光，这是一个类似的过程，在我们称为灵性研究的过程中产生作用。我们不能控制这些回应的思想什么时候或者以怎样的方式开始在我们内在响起，但正是我们开放地专注于未知的边缘，引发它们给我们带来启示。

开放的专注需要真正的觉察，这不是智力工作，而是用心的工作，正如莱纳·玛利亚·里尔克（Rainer Maria Rilke）在她名为《转折点》的诗歌中所表达的一样。以下是这首长诗中的一个节选：

---

① 扎荣茨，《作为沉思探究的冥想》，第 39 页。

因为存在观看的界限。
所以一直深深观看的世界
想要在爱中繁华。

眼睛的工作已经完成，
现在，去用心来工作，
对于所有你内心囚禁的图景；
因为你压抑了它们，即便现在你还不认得它们。[①]

有很多不同的方法可以关注内在生活，建立一种内在练习，将我们打开，感受创造界的奥秘，以及充满各种存在中的灵性实相。在本章中，我仅仅触及了一些浅显的可行的方法。人类心魂的三种修行，在鲁道夫·斯坦纳《基石冥想》中称之为灵性回顾、灵性感知和灵性觉察。我已经找到一些在内在发展道路上能够提供指导的练习，这些练习能唤醒我们，让我们能更深层地认知我们是身、心、灵的存在。回顾自己的一天或者将自己沉浸在世界所呈现出的奇迹中，可以让我们更加接近宇宙以及生命中运作的创造力。能唤醒崇敬心或者产生内在平静的练习，以及那些能让我们在思想、情感、意志的心魂活动保持中心的练习，都促使我们在时间的节奏中、在当下的真实感受中生活得更加丰满。学会为忙碌的意识中那旋转的思想带来平静，会使我们敞开自我去接收灵性存在的世界，使我们对神圣临在的思想更具有活力。

如今很多人追求内在练习是为了给他们的生活找到平静和稳定，从

① 里尔克，《转折点》，摘自《莱纳·玛利亚·里尔克诗歌选集》（*The Selected Poetry of Rainer Maria Rilke*）。

而提升自我，去追求梦想。这项自我工作对于平衡当今世界普遍的混乱和压力，以及疗愈许多成人从童年携带的创伤至关重要。接着就可以超越这种只关注自己的省思和内在平衡，开始更加关注无私的灵性工作。我分享了鲁道夫·斯坦纳静思冥想的特征，它可以被当作是内在沉思以及与灵性世界的对话，可以作为一种超感官认知的方法。我们每个人都可以用自己的方式为这样的自我发展做准备。对有些人来说，通过祈祷可以打开灵性聆听的方法；还有些人通过研读经文和颂词，这些也提供一座桥梁，去超越个人的关注；甚至一句话都可以激发更丰富的沉思。很久以前，爱默生的一个短语跳到了我眼前，我已经记不清楚它出自于哪里："每堵墙都是一扇门。（Every wall is a door.）"这句话成为我冥想之旅很重要的敲门砖。还有斯坦纳的《心灵周历》（*Calendar of the Soul*），每周的冥想颂词，不断更新地招引我们在一年的时间中沉思人类与地球这鲜活存在之间的关系。[①]

个人的内在练习是无可替代的，但是很多与他人分享的活动能够支持聚焦、开放和连接的发展。举例来说，我想要分享我与姐姐琳达（Linda）的一段深刻经历。1990年代末她被诊断出癌症，我们到对方的住所需要几个小时车程，但是我们想共同参与一次有意义的活动，这活动又不直接涉及她的疾病。多年来，我们非常享受共同写作，创造一些练习来回忆童年的事件和地方。我们关于共同经历的记忆如此不同，从而帮助加深了对彼此的了解，也让我们更加欣赏彼此不同气质类型这一事实。

因为琳达的疾病，我们决定每天以一起写作作为练习。每天晚上，

① 斯坦纳，《心灵周历》；这些颂词有不同的翻译和版本，斯坦纳是在1912年第一次提出的。

我们会给对方打电话。我们一起选择一个词，这个词在某种程度上与我们当天的经历有关。然后挂断电话，围绕选择的词写十到十五分钟。等我们写完后，再次给对方打电话，分享所写的内容。我们选择的词语范围有从最平凡的到最崇高的——门把手、洗衣店、美、家庭、诚实、朋友、龙、亲密、永恒、女神……没有卑微、高贵之分，每个词语都揭示了意想不到的财富。我们这样做了将近一年，虽然不是每天，但是在我们的努力下，也没有超过多日的停顿。

我之所以提到这个联合练习是因为它既简单又丰富。每天的这个过程不会超过半个小时。无论个人还是我们二人都发现这共享的承诺是一份伟大的礼物，并且不断地带来快乐。对我来说，写作让我有机会走进这个词，静静地让一个概念开始对我诉说。琳达通常则更有想象力，有时候她的写作会变成一个故事，一场对话，或者是关于这个词语拼写或声音的即兴写作。随着时间的流逝，我们的表达变得更加强大。我们热爱听到彼此的写作，体验到我们如此不同的方法和风格如何在某种程度上组合出更伟大的整体。世界不断地对我们越来越敞开，癌症并不能结束生命。在共同探索和分享的时刻，我们触碰到灵性真理，而且琳达的疾病也不再不可抗拒地掌控着她的未来。

我已经有很多年没有重读我们的习作了；但是当开始写到我们这段经历时，我就沉浸在这些文字中。我提及生命中这段经历的初衷，是鼓励他人与朋友或亲人开始这种专注和开放的写作活动。但是当我迂回地走在记录我们写作的笔记本和零散纸片中间时，发现一件很有意思的事：我突然发现了关于“门槛”（threshold）这个词的分享（我们从未考虑过用电脑）。在我看来，这个词与本章、与内在之旅的问题有关，于是我在这里插入这些内容。它们是很个人的观点，但是能触碰更广泛的真理。这些习作从未被编辑过，但它们能代表当时那个时刻，流畅的句子、破折号、逗点都是最自然的流淌。唯一的一处省略就是我压缩了琳达那篇的最后两段，因为她提及在世的人，而且关于是否要呈现出来我无法再征得她的允许。她是在2007年3月去世的，我们的很多谈话都与本书的内容有所呼应，因此我同样特别高兴能够将她的原话引入进来。

门　槛

琳达・诺里斯（1999年8月11日）

"thresh"，对我来说这意味着在体现意义和命运的过程中，为准备下一步收获什么东西。"hold"，对我来说，它的意思是停下片刻，了解某些特定的东西。那么门槛就是你生命中的一个地方，在那里你可以准备好去收获自己一直于内在培养或努力工作的一个方面。你必须了解这个方面，并且把它放置在你更高的心灵之眼中，在你心灵的帮助下，将这种认知工作编织进你当下的意识中，永远不要忘掉这些知识。它必须变成你内在老师、牧师或疗愈师的一部分，为了那些尚未跨越门槛的人们，并且在任何时候都带着希望将这些知识传播出去。

对一个孩子来说，说话、走路和思考都是需要跨越的门槛。"自我"每一天都在成为独立个体的旅程中跨越门槛，选择我们自己生命的道德准则和生活方式。确切地说，出生是跨越了一个巨大的门槛，我们离开了一个住得很舒服的家园，在自己的身体中，出生有自己的思想、情感以及出于自己想法的作为，这都是跨越门槛。在任何我们未知的领域里以任何方式变得勇敢都是跨越门槛。死亡，离开地球，离开现在的家园以及熟悉的事物，这也是一次跨越门槛。睡眠同样也是一种释放和跨越门槛。

我似乎在跨越人生重要的门槛时都曾经哭泣过。当我还是小婴儿时我哭泣，因为我离开了我的天使，于是我慢慢沉溺于眼泪。当我们养的狗狗跑丢时我哭了，然后作为回报，我做了一个知道它们去了哪里的梦。我因为憎恨自己而哭泣，得到的奖励是 18 岁时被允许停止服药，这对于我来说又是一个新的跨越门槛的机会。我父亲过世时我没怎么哭泣，我拒绝跨越那个悲伤的门槛；多年后母亲去世我一样没怎么哭泣。我感觉，不肯跨越那道悲伤的门槛，从而无法更亲密地认知自己，导致了我现在的癌症，我的自我现在正接近另一个悲伤的门槛，我知道那是死亡……现在我感到伤悲和难过——因为拒绝跨越门槛会导致不健康。如果你从不有意识地去尝试，那么你的身体将用某种方式来替你完成。业力，我们心魂、灵性的生命旅程，这一切都与跨越门槛有关……

其实每次跨过一个门槛，都会有惊喜等着你。

门　槛

西格妮（1999 年 8 月 11 日，在加拿大度假中）

在我们现在住的北部森林附近有两座桥。其中一座是单行道，有两个木制轨道，它们可以让车轮在旁边并排行驶在木板地基上。沿着两边是金属电缆，胭脂河（River Rouge）在下方湍急而过。河里有岩石和白色的水，桥的两端都是停车标志，因为是单行道需要中止一些过来的交通。另一座桥是有顶部的，红色的隧道，尖尖的顶部凸显了一个车道的通路。这里有一扇门，像铁路交叉道口一样，用来控制任何一个方向穿过铁道的交通。

这些桥对我来说就是关于门槛的图景，它是从这里去到那里必须经过的空间。在这个转变的过程中可能会有危险，至少需要高度的注意力。如果不是被迫，那么至少被要求在出发或者跨越之前停顿一下。上面说的两座桥中，一座你可以看到下面的危险，另一座你必须进入一段黑暗的通道，在朝向前方光明的过程中，我们能听到穿越时的咔嗒咔嗒声。

那么迈向灵性的门槛是什么呢？我们在死亡时跨越它，它引领——抑或阻碍我们每天进入超感官认知世界的通道。有时候我认为通过自我认知练习和内在发展工作可以建立起门槛：我们创造了使桥梁得以跨到下一个地方的地基，为旅程铺垫基石，就像是两个房间之间的木门槛或石门槛，又像标志着通道的入口处。尽管这个建筑工作很重要，但是门槛必须永远存在。

斯坦纳说，我们在跨越生死门槛时，必须真正有意识地去结识一位守门人，那便是所有我们在尘世间建构自我形象时所忽略的一切，如无价值、骄傲、复仇、徒劳、愤怒、嫉妒……如果我们能够清醒地去认知真正的灵性，那么我们必须看到它，接受我们就是具有这些特质，释放那些在日常生活中控制我们的自我感。我们耻于面对它只会阻碍我们，我们会停止，我们会恐惧地闪开，或者当时机到来我们就会毫无顾忌地跨过去。除了远处的光，如果只聚焦在内心的野兽，那它便会用爪子将我们拖回来，靠着那颤抖的通道——质疑如刺骨的寒风，恐惧似挡路的石头，可憎、折磨人的情感好比湍急的流水。前方那唯一真正的光，难道感到温暖只是我一厢情愿的想法吗？

在其他方面，我看到到处都是门槛。在我看来，这些更像是面纱、窗帘或者阿拉伯庭院里用来分隔房间的挂毯。它们可以被掀起来、拉到一边去，甚至除走，从而揭示一个全新的深度，一个更完整的空间，或者其他存在或活动。就如同在一段对话中，或者走在树林里，或者在画一幅画中，或者深思一个想法时，突然间（或者也可能是逐渐地）出现了一个比乍看起来更宽广、更丰富、更完整的世界，豁然开朗，某些门槛消失了。然后（我认为这是迅速的）面纱又回到原位，日常的生活又恢复原状。

在结束这章之前，我还想提及另一种进行内在工作的方式。在《如何认识更高层的世界》中，鲁道夫·斯坦纳谈到了灵修或内在生活的几个条件。他认为这些要求是灵性事实，而是否以及如何应用这些条件则完全取决于个人。这些领域在任何真正的灵修教学中都是需要注意的，实际上它们隐含在许多我之前提过的实践和练习里。用这种方式来组织它们可以给予清晰的提示，它永远不会变旧，这些活动也永远不会结束。

灵修的条件 / 要求

1. 致力于提高你身体、头脑或灵性健康。
2. 感觉你自己是生命整体的一部分。
3. 坚信思想和情感对于世界如同行动一样重要。
4. 坚信我们真正的本质不在于外在，而是在于内在。
5. 一旦下定决心，就坚定不移地贯彻到底。
6. 对于我们所得到的一切发展出感激之情。
7. 用这些条件的要求来了解生命。①

我一波一波地实践这些要求很多年了。我一再惭愧地意识到自己多么健忘，对于我的健康和进一步发展如此明显的先决条件，经常就从我的意识里溜走了。当我意识到需要它们给我提供激励时，我就再一次开

① 斯坦纳，《如何认识更高层的世界》，第五章。

始练习。我也曾经用这七项条件作为早晨的鼓励以及晚上回顾的焦点。我通常一次关注一个条件，为期一个月，并且体验到，随着我的前进，它们是如何彼此建构起来的。每次再回头看这些条件时，我都惊叹地发现这些直白的语句能够为我的自我转变打开如此之多的微妙面向。

内在发展是关于一切的转变，而不仅只是关于我自己。我们在自己身上下的功夫，同样也服务于整个人类真正的发展，这其中也包括为地球家园负起责任。我们的故事和地球的故事本是一体。我们已经成为神圣世界的共同创造者，我们人类越来越多地要为我们进一步的发展承担责任，过去十几年的地震、海啸以及严重的气候问题，在我看来，是地球对我们发出的呼吁，让我们更严肃地负起责任来。我觉得，继续使用旧有的思维和行事方法不能解决我们所面临的全球困境，如社会、环境、政治和经济挑战。我们需要觉醒的灵性关注来唤起道德直觉，以面对现在与未来的问题。

所以我们练习、再练习，以唤醒我们核心的自我，以及毫无保留地赋予我们能力，让我们去面对这个时代的挑战。我知道我只能从内在自由的空间去做真正的内在工作；没有任何人，甚至我自己都不能让我来做冥想，我只能出于自己的自由意志才可以。在达到这种程度之前，这只不过是一个美好的想法。并且我只能将它作为爱的行为。当然，爱是自由意志的行为，是我们内在工作真正的目的，爱能够连接、宽容、支持，能了解我们自然和灵性内在的基本连接。其余一切都是强迫、责任或一厢情愿。我痛苦地意识到自己的不足；但我也相信，通过努力，我能获得力量去面对如暴风雪般向我袭来的恐惧。我想要用一颗开放、无所畏惧的心去面对今天诸多的威胁、怀疑和冲突。我知道这听起来很理想主义，我也没有低估依然存在于世界和我内在的自我主义、欺骗、贪婪和偏见；但是我会诞生更高层的自我，而且我知道这只能是出于爱的行为。我想要在这不断发展的灵性世界中，为荣耀、永恒、不可摧毁的“高层自我”开辟空间。

> 人类的心竟然能够到达上帝。
> 尽管我们可能会在黑暗和寒冷中，
> 但现在已不再是冬天。几世纪那冰冷的痛苦
> 瓦解、断裂，开始移动；
> 雷鸣是浮冰的雷鸣，
> 解冻、洪水、迸发的春天。
> 感谢上帝，我们的时代正是现在
> 当错误无处不在地面对我们，
> 永远不要离开我们，直到
> 我们迈出心魂最远的步伐。
> 如今心魂的大小才是重要的事情。
> 这冒险行动
> 是对上帝的探索。
> 你要走向何方？需要
> 几千年的时间来唤醒，
> 但你会因怜悯的缘故而醒来吗？
>
> ——克里斯托弗·弗莱伊（Christopher Fry），
> 《囚徒的睡眠》（*A Sleep of Prisoners*）

第 10 章

掀起面纱

有一个神话，它伴随我已经很多年了。如同对任何真实的故事一样，我对它从未厌倦，它也一直为我提供着新的洞见，引发新的提问。我说它是真实的，这并非因为它是历史记载的或者传记轶事，而是因为它说出了我在周遭和内在世界所认识到的深刻真理。当三十五年前第一次读到它时，我就知道我需要这种神秘的故事，它带有对当代生活和我自己的心灵状态的启发式图景。起初我是通过感觉，而非清晰的思考与它产生连接；随着岁月的流逝，在我努力领悟其更深层意义的过程中，它给我提出了很多问题。

在前文中我提到过，我坚信全世界的神话都表达着人类与他们自己、与自然和神圣世界如何相关联的真理。它们的意向不能只从字面去理解，也没有哪一个神话承载着全部历史。尽管神话带来的心魂和灵性意向通常是令人费解的，但它为我们提供了被讲述的那个时代和地方的重要信息，以及当时生活着的人的意识状态。

我想分享的是一个现代神话，是鲁道夫·斯坦纳首次在关于各种古代文化的系列讲座中讲述的。它讲的是新伊希斯女神，那不是众所周知的古埃及女神，而是她当前的状态。它不是古老神话的全新演绎，而是一个关于新时代伊希斯的非常现代的故事。它建立在不断演进的人类意识图景之上，尤其是我们如何理解和连接神圣实相，表明“灵性存在”本身也随着时间而演进。斯坦纳非常认真地讲述了这个故事，并请听众能开放地、不带偏见地听。他非常谦卑地说，他也只是刚刚开始去描述这个新故事中基本元素的特征。

对于今天的许多人来说，甚至一神论的想法都相当有挑战性，更别说看似要返回对众神和众女神的原始信仰。我可以想象，对于一些读者来说，很难以理解当代女神的故事。斯坦纳讲座中的一个短语在我的脑海中回荡了很久：“因为每个人都与他（她）理解的神相似。”① 我们今天理解的神圣的活动是什么？对于独立个体以及我们自己所处的更广阔的时代，这种相似性在哪些方面与人类的发展问题有关？

这正是 20 世纪文化发展的一部分，越来越多的人开始质疑上帝是一个长着又长又白胡子的老人形象。有些人确定“上帝死了”，可能在个性发展方面这算是个解放性的思想，但是随着时间过去，这种观点中除了冷酷的物质主义之外，几乎所剩无物。当然，除非一个人愿意接受挑战，重新焕发自己内在的神性，他不是通过教条或者信仰，而是作为一种有意识的行为。从上个世纪中期开始，越来越多的人开始透过其他传统寻找更加温暖、更加全面的灵性形象。比如很多人会在印度教、佛教、伊斯兰教苏菲派、道教、犹太奥秘教义，以及全世界很多不同的本土实践中展开研究，去努力打造能够为自己提供内在寄托和灵感的灵性理解。有些女性感觉男性占主导地位的宗教是片面的，从而致力于寻求类似于早期女神崇拜的某些形式，还有些人将巫术也包含进来。基督教内以及教外人士也开始更多地谈论圣母玛利亚，甚至还更多地谈到索菲亚，她

① 斯坦纳，《圣约翰福音书》（*The Gospel of St John*），第 191 页。

曾经被希腊人作为智慧存在而崇拜，在古希伯来《旧约》[1]中，她是上帝创世之前的伴侣，依然被记忆在哲学（philosophy）这个词中（*philo-sophia*——表示对智慧的热爱）。

这种探索的普遍本质，说明人们渴望理解自己与灵性世界的关系，也感觉自己就是灵性世界的一部分。在历史上，不同的文化都已经透过自己的生活环境及所需的视角，经历到了神圣世界；并且，为了获得能在日常生活发挥作用的灵感，他们与感知到的“灵性存在”进行连接。在这个时代，我们怎样才能找到一种方法，让我们既能理解鲜活的灵性，又不低估多个世纪以来我们已经发展出的强烈个体性？我们怎样理解众多独立个体今天所感受到的呼唤要与自然、灵性以及彼此可以无私连接的全新可能？

在第2章中，我也谈到伊希斯和奥西里斯的古老神话对于古埃及人很重要。古埃及人崇拜伊希斯，她是“埃及人所能形成的，关于自然和人类的原型力量，最深刻思想的典范”。[2]在塞伊斯（Sais）的神庙中有一个带着面纱的伊希斯雕像，上面的铭文守护着她深深的奥秘：“我是万物，我是过去、现在和未来；还没有哪个凡人曾经掀起我的面纱。”（“I am the All，I am the Past，the Present and the Future；no mortal has yet lifted my veil.”）她所守护的神圣实相世界只能在死后，或者只有那些对于灵性有深刻理解，尤其是经过长期修行、开始了解奥秘的人才能得知。没有这样的准备，一个普通的困于日常琐事的凡人，无法掀起通往灵性的面纱，也无法在仍然在世的时候面对这样的庄严。

下面是新伊希斯神话的复述，虽然我使用了自己的话，但非常接近

① 在箴言8和9中，智慧（Wisdom）讲述她的故事（特别是在8：22–35中）。
② 斯坦纳，《古代神话》，第61页。

斯坦纳所讲述的。①

新伊希斯神话

这个故事发生在“在科学影响深远的时代，在非利士人（Philistines）居住的地方”。在一座偏僻的小山上，有一座非同寻常的建筑，尽管很少有人注意，但在方便的时候它对游客开放。在建筑物的中央是一个代表人类（the Representative of Humanity）的巨大雕像，周围围绕着“敌对存在”。然而，这个雕像实际上是另一个无形雕像的面纱——在可见的雕像后面是新伊希斯——新时代的伊希斯雕像。

在这个抽象思维的时代，很多人认为这个看得见的雕像代表或预示着新伊希斯，但这只表明他们完全缺乏真正的理解。可见的雕像中的人物是他们自己真正现实的艺术再现，在他们后面的才是真正的新伊希斯。在特殊情况下，一些游客会发现可见的雕像背后的新伊希斯，并且看到她是沉睡的。在非常特殊的时刻，有些人能够读到清晰显现的铭文：“我是人类，我是过去、现在和未来。每个凡人都应该掀起我的面纱。”（I am the Human Being，I am the Past，the Present，and the Future. Every mortal should lift my veil.）

一天，另外一个人物一次又一次走近熟睡的新伊希斯，有点像一名访客。她认为这名访客是她的恩人，于是爱上了他。一天，新伊希斯和她的访客都相信了一个特别的幻觉：她有了一个后代，并认为她的访客就是父亲。尽管他不是，但他自己也认为他是父亲。这

① 同前，第三章；以及《伊希斯、玛利亚、索菲亚》（*Isis Mary Sophia*），第 191–202 页。

个造访的灵，实际上是新堤丰（Typhon），古埃及神话中众所周知的赛特。他相信，如果他占有了新伊希斯，他将保证能够获得越来越多统治世界的特殊权力。

新伊希斯有了后代，但是她对他的本质一无所知。她带着他四处迁徙，把他带到遥远的地方，因为她认为这是她应该做的。她拉扯着自己的后代穿越了世界上不同的地区，直到这个世界非凡的力量使他碎成了十四块。

当新堤丰意识到新伊希斯如何拉扯她的后代，直到世界把他碎成十四块，他将十四块聚集成一个单独的整体。他利用大量的科学知识，再次用这十四块制作出一个单独的存在，但是这个存在只遵循机械法则。他看似有生命，但是只遵守机械法则，而且因为他是由十四块组成的，所以他能够自己以十四的倍数来复制繁衍。并且，新堤丰能将自己的容貌图像给予每一个复制的后代。如今这十四个中的每一个，表面上是新伊希斯的后代，但都与新堤丰长得相像。

新伊希斯不得不看着这些奇怪的事件，这已经发生的半预测到的神奇的变化，她意识到自己曾经拉扯着后代，却不知道这一切是如何发生的。然后有一天，她能接收到她的孩子的真正形态了。她从一群自然精灵、自然元素灵那里，以他真正的形态再次接收到了他。她的后代只是曾经透过一种幻觉被刻印成了堤丰的后代，现在她用他真正的形态迎接他回来，一种巨大的灵视觉力逐渐被她感知到：她意识到，尽管她变成了新伊希斯，但她依然戴着古埃及的牛角。

她的灵视力现在将堤丰本人召唤回来，也可能是墨丘利；并且，借由她的灵视力，他不得不将皇冠戴在她头上，她头上曾经戴着荷鲁斯很久以前从她那抢走的旧皇冠，实际上正是现在牛角所在的地方。但是这个新皇冠只是用纸做的，上面虽然覆盖着各种各样的科学信息，然而仍然只是纸做的。所以现在新伊希斯头上有两顶皇冠：牛角和以这个时代全部知识为装饰的纸皇冠。

一天，透过灵视力，在她内在升起了深层的意义，这种“只要年代能够达到”的深层意义在《圣约翰福音书》中被描述为逻各斯（Logos）。关于各各他（Golgotha）神秘的深层意义在她内在升起。透过这奥秘的强大，牛角的力量控制了纸皇冠，并将它转化成充满真正智慧的金皇冠。

试图解读神话存在破坏它魔力的风险，而正是这魔力使神话如此强大有力。然而，故事里的图景至少需要我们简单地思考一下，而且它们也提出了启发性的问题。我们不难感受到科学影响深远的时代指的就是我们现在所处的时代，凡事都充满逻辑、物质主义、妄自尊大的理论。今天很少有人能具有看到“灵性存在”不可见形象的眼睛或倾向。但是熟悉鲁道夫·斯坦纳的事业的人都知道关于小山上那座建筑里“人类代表”雕像的描述；1918 年 1 月，斯坦纳讲这个故事时，正在建造瑞士多纳赫的第一座歌德馆，它是发展中的人智学运动中心。类似这里描述的那个巨大雕塑要被建成该建筑的核心装饰品。

这座由鲁道夫·斯坦纳和伊迪丝·马里恩（Edith Maryon）共同雕刻的雕像，在几年后烧毁歌德馆的大火中幸免于难，现在被放置在第二座歌德馆里，新馆是斯坦纳去世后建造的。这座木制雕像非常巨大，有 24 英尺高，中心人物是“人类代表”，平衡着困扰人类发展的不同的邪恶力量。有些“存在”诱惑我们远离地球上人类的努力，给我们提供光、温暖和灵性喜乐，使我们的自负和骄傲过度膨胀；同样也有一些力量使我们收缩，痛苦和冷酷的孤立，这些都将我们捆绑在这物质的尘世间。后面一种类型的邪恶力量依靠恐惧、操纵、囤积和欺骗来起作用。

为什么一个雕像，“人类代表”——我们所有人的本质灵性核心——会受到不同敌对者的牵制，成为新伊希斯的面纱呢？在那平衡两极品质的动态努力中，如何找到她？第一步很明确：只有那些真正看她的人才能找到她。那段铭文已经宣告，新伊希斯本人就是人类，是作为我们心魂图景的神圣存在；而且它挑战每一个凡人去掀起面纱。现在是时候来打开我们过去、现在和未来的灵性维度，是时候掀起沉睡的面纱了。因为在故事开头，作为人类的新伊希斯是沉睡的。本章开头的克里斯托弗·弗莱伊的戏剧《囚徒的睡眠》（*A Sleep of Prisoners*）中的节选，与这段铭文同样回响着一个时代的问题：“但你会因怜悯的缘故而醒来吗？”

另一个人物，他令人想起古代奥西里斯－伊希斯神话中那嫉妒篡权的哥哥，如今具有了现代科技的天赋，他去见了新伊希斯，她便认为他是恩人，并爱上他。在这个数字时代，我们热爱什么样的幻觉和虚拟体验，还把这些当作真正的支持？在故事中，这幻觉围绕在伊希斯和堤丰的关系周围：他们二人都认为堤丰就是她后代的父亲，尽管他不是。这个后代真正的父亲是谁呢？是否是当代童贞女之子？请记住一点，**“处女”**（*virgin*）的原意是指她的内在自性圆满，不单指性贞洁。堤丰渴望占有新伊希斯，为自己获得更多的权力。她到底是谁？他追求的权力又是什么？她对于自己后代的本质依然沉睡、不清楚。跟任何现代母亲一样，她带着孩子到处走，去购物中心、去看电影、去托管中心，因为她模糊地觉得，为了生存她必须这样做，或是为了确保她的孩子“准备好”（准备好做什么？），或者只是因为每个人都是这么做的。或许正是我们每个人都这样到处拖着自己内在的“灵性自我”，进入那包围着我们的诱人、苛求、充满压力的世界。但正因为这所有的混乱和刺激，这个灵性的孩子变成了碎片。

在神话中，堤丰现在表现出他的科学和机械技能，重新将这碎成十四块的孩子组合成整体，仿佛把机器零件组装起来一样。而后，出于自负的推动，他还将他的创造物克隆成十四个跟他面容一样的存在。这种技术壮举，曾经盲目固守机械法则，今天则充斥于我们的周围，但是在 1918 年人们几乎无法想象这些。我们什么时候陷入了生命机械化的魔咒？我们又在哪里努力刻印下我们的面容、自负的标志和对世界产生的个人影响？

当新伊希斯看着她的后代正在发生的状况，在不同的氛围里，这种困惑、半有意识的责任感会是怎样的熟悉？你是否有时感受到一种模糊的个人责任感，因为你周围和内在有着挣扎和痛苦，但是又不知道能做些什么来改变？当这种被动的连接与意志缺乏同时出现时怎么办？想要真正觉醒，伊希斯必须去感知实相的一种新维度，进入能形成力量的世界，那个自然界的元素之灵在发挥作用的地方。这会让她知道后代的真正形象。这是不是指，在意识心时代，为了能够有意识地感知到无生命物质面纱后的超感官生命力，我们需要，也有可能唤醒一种鲜活的思维能力，或者也可以称之为灵性视觉或者以太感知？

当新伊希斯清醒地了解到后代的真正本质，她也意识到她依然戴着代表古埃及名望的牛角。这种旧有的、挥之不去的存在和认知方式召唤她的拜访者回来，这是她与生俱来的力量的又一个线索，这名拜访者在牛角上放置了另一个皇冠，一个上面覆盖了这个时代全部科学数据的纸皇冠。这幅图景对我来说奇怪又有趣：伊希斯原来戴着真正女神皇冠的头上现在戴着两个皇冠。在古代埃及，她的儿子荷鲁斯因为知道她从监狱里释放了他邪恶的叔叔被激怒，于是抢走了皇冠，以牛角取而代之。这个牛角皇冠，代表着她古老、全知全能的智慧，而现在居然四周还围着上面充满信息的纸皇冠。她头上无法安稳地戴着这两个皇冠的形象让我感觉很熟悉。作为现代人，我们可以很智性地学习古老的启蒙方法，学习通往觉悟的初级步骤；然而摇醒我们渴望获得古代智慧的东西却是前所未有地发达过的互联网，它用种种事实淹没我们，而这滋养了我们渴望知道更多的欲望。我们时常觉得这种旧有和新颖的认知方式在一起令人很不舒服——这两者对我们的现在和未来都很重要，它们对我们存在的不同部分说不同的语言，并且讲述实相的不同领域。

新伊希斯的灵视觉力及时且以在当时很恰当的方式变得强大起来，足够让她理解逻各斯的意义。如《圣约翰福音书》开篇所指："太初有道，道与天主同在，道即是天主。"（In the beginning was the Word，and the Word was with God，and the Word was a God.）逻各斯和道同样也被理解为"基督存在"（Christ being），在故事中用了"各各他的奥秘"来指代基督的入世、死亡以及复活，各各他也是基督受难发生地那座小山的名字。

斯坦纳经常谈到基督存在，但并非以任何宗派或者教条的方式。他强调基督与全人类的连接，指出基督在很多不同宗教中的重要性，尽管有时他以不同的名称出现。根据斯坦纳的表述，基督的普世存在不属于任何宗教，因为他的牺牲行为对地球和全人类有着重要的灵性含义。他的尘世使命——无私的爱几乎刚刚开始得以表达或理解。作为太阳的灵性，基督在约旦河洗礼时进入人类的躯体，在地球上生活了三年，然后经历死亡和复活，就是为了将他神圣的存在与我们持续的人类使命结合起来。[①]

我很清楚，对于很多现代人来说，提到基督的名字都会阻碍他们理解这里所表达的思想。基督教的历史充斥着对这个伟大奥秘诸多狭隘的

① 斯坦纳经常谈到基督存在在地球演变中的重要性。可参见，例如，《作为神秘事实的基督教》（*Christianity as Mystical Fact*），关于四福音书的讲座，《第五福音书》（*The Fifth Gospel*），以及《基督在以太中的重现》（*Reappearance of Christ in the Etheric*）。

解读，说它只代表多世纪以来不同基督传统中忠实的祈祷、虔诚、同情和服务，这是很可悲的事情。几乎所有宗教的历史中都存在类似的两极化问题。我们能否可以想象基督存在不受任何特定宗教教义或者实修的阻碍？我们能否在他牺牲和复活的行为中看出，那完全包含着对我们所有人内在灵性诉说的东西？我们能否想象这“爱之灵”与我们不可分割的自我原本就是连接在一起的？你是否像我一样去倾听下一个更包罗万象的人类普世灵性会叫什么名字？这个问题在我内心困惑多年，但是当我读到这个伊希斯，也是 3000 多年前人们所知道的那个伊希斯时，就更受激发了。这是相当长的时间，但是这表明她，或者任何神圣存在——就像不断轮回的人类一样——也会在不同的时代以不同的名字曾经和将要被人们所知道。

回到故事中，正是当伊希斯清醒地认识到基督入世、死亡和复活的奥秘时，牛角便能掌控纸皇冠，并将它转化成真正智慧的金皇冠。通过唤醒内在神圣的爱之能力，过去的灵性贡献才能与现在的学习相结合，从而服务于真正的人类未来。这个形象代表了当今时代我们所处的局势。我们现在能否唤醒我们内在和周围的灵性？我们能否用全新的活跃的灵性意识来转化我们的认知方式？引用斯坦纳的话就是：

> 尽管新伊希斯雕像所具有的行动力起初很弱，是探索性和尝试性的，但它将是某个起点，在现代驱动力中有着深刻的合理性，也将被这个时代将要成为和必须成为的样子深刻地证实。①

我几乎没有触碰过类似这种神话内在的深层次问题，在这个神话里，

① 斯坦纳，《古代神话》，第 66 页。

我们现代人处于正在实现的过程中。如同任何神话或者童话一样，不同的角色都是我们自己个性中的一部分，他们存在于我们的心魂潜力中。我们是母亲、父亲——虚幻的及真实的——孩子、访客和被访者、破碎的和完整的、假的和真的、无知的和智慧冠冕的。在新伊希斯神话中，我们被召唤着去掀起面纱，辨识出我们的灵性核心，面对内在和周围分散、钝化我们注意的反作用力，最迫切的是发展出新的能力去觉知和爱。

鲁道夫·斯坦纳讲这个故事两年后，他自己也开始辨识出新伊希斯存在具有了索菲亚的名字，最明显的是名为“寻找新伊希斯”（*The Search for the New Isis*）“神圣索菲亚”（*Divine Sophia*）的系列讲座[①]。在这些极其感人的讲座中，斯坦纳谈到，即便我们失去了认知、凭直觉感知普世灵性真正本质的能力，基督存在与地球和全人类也保持着深刻、持久的关系。在我们的时代，如果想要在这伟大奥秘面前唤醒我们的直觉力，第一步便是：“我们缺乏的不是基督，而是对基督的认知和智慧，基督的索菲亚，基督的伊希斯。”[②]我们需要与这古老、但影响着演进的女性原则找到新的关系；我们需要承担自己心魂实相的新责任，从而可能逐渐认识我们内在的真正灵性。

在唯物主义时代的机械意识下，我们很容易忽视散播于全宇宙的神圣智慧。技术魔法、数学抽象和诸如重量、尺寸和数量的“事实”迷惑了我们；而且这些东西会蒙蔽我们，使我们无法看到玫瑰之美丽、星空之壮阔、森林大火咆哮的力量或者我们自己核心本质之中更深层的奥秘。要想成为真正的人类，我们必须探索与神圣智慧的新关系，无论我们是否选择称之为索菲亚。我们对于自然科学的投入同样需要拓展至精神科

---

① 这两个讲座也在《伊希斯、玛利亚、索菲亚》中，第 203–226 页。

② 斯坦纳，《寻找新伊希斯》，《神圣索菲亚》，第二讲。

学。带着在观察和理解物质世界的努力中所发展出的所有客观性，我们现在需要用清晰的意识开放自己，去跨越物质现实的门槛。我们现在更有可能接近普通感知与超感官感知之间的门槛，如果我们能够走一条健康、有意识的道路，那么每个人都会面临挑战，要去唤醒一种鲜活想象的新能力。

当今围绕着我们的严重社会、环境和政治问题，如果依然采用深植于自私、竞争和贪婪的旧有思维方法，这样将无法找到我们所需要的解决方法。全球变暖、枪支控制、严重的收入不平等、美国国会的党派封锁、接连不断的中东动乱是21世纪主要关注的问题。我们面对的这些问题，它们的解决办法绝不是存在于抽象的程序，而是只有当它基于真正的个体责任时才能成功。如果人们只是支持这些而没有真正地去努力，即便表面是好的想法，实质也是空洞的。在社会中，暴力、自私、偏见和恐惧的问题，只有当足够多的个体心魂中不再具有这些力量时才能得到真正的解决，更确切地说就是要能够去做内在工作，为新的想象力以及真正有创造性、独立、充满灵性的思想、情感、意志扫清道路。

在第9章中，我提到过斯坦纳的一本基础著作，现在英文版译为《作为灵性道路的直觉思维：自由的哲学》。对我而言，这本书是我自己一生觉醒之路的指南。我曾经非常有幸可以教授这本书很多年；并且，在这过程中，我自己已经逐渐学会珍惜鲜活的思考去欣赏，也努力地开放自己，超越成长、教育、气质类型和生活角色的影响，更重要的是学会信任我的直觉。斯坦纳在书中描述他的青年时代为“一个人的心魂如何艰难地攀登自由之峰的生命历程”[1]。我非常感激他总结的这个特征，而且在整本

① 这是出自写给罗莎（Rosa Mayreder）的信，引文出自《鲁道夫·斯坦纳关于他自由的哲学》（*Rudolf Steiner on His Book the Philosophy of Freedom*）一书，第5–6页。

书中他建构的细致的进程中，我也发现了自己内在变得越来越自由的重要标志、问题和挑战。我的道路漫长曲折，有着意想不到的障碍和弯路；我曾经被绊倒过，然后做了看似错误的转弯。有犯错的可能是迈向自由之路途中不可避免的伴侣。诚实地再次评估是任何前进步伐中的重要组成部分。我从不期望一蹴而就地到达，但是当开阔的风景出现时我心中充满感激。其他同行者经常为我指出新的方向。在艰苦跋涉中，沿途的快乐既令人感到惊喜，又意义深远。

在《作为灵性道路的直觉思维》第二部分的最后一章中，谈论到自由个性的问题，因为它关系到作为人的很多共通方面。当我们与他人共享例如种族、教育或社会背景时，一个人如何能够自由？在本书中，我曾经探索过人类本质中几个不同方面的共同本质，如性别、气质类型、社会导向和生命阶段。这些我们尘世生命中的不同方面有时感觉就像新伊希斯后代的碎片，从整体分离出来的每一块都处于要获得个体、虚幻、重要性的危险中。但是当不同的碎片组合成个体生命时，每一个内在共享的机遇和挑战都让生命的学习更丰盛。鲁道夫·斯坦纳说到人类体验中不同的通用零件，是作为“可以表达我们独特存在的媒介。我们用这些特征本质所给予的作为基础，然后赋予它与我们自身存在相对应的形式。”①

在成为独特自我的漫长道路上，通过探索性别、国籍或者气质类型，诸如遗传和DNA，我们能够发现尘世生命奥秘的很多线索，它们就像泥土，被我们的“自我”塑造成供其发展的一艘船。这艘建造辉煌的船由很多部分组成，它自身并不是真正的“自我”，而是它在地球上临时的家园，虽然它是临时的，但在成为完整的人类道路上却至关重要。在不同的生命阶段，我们跨越具有不同特征的门槛，因此完全处于尘世个性与

① 斯坦纳，《作为灵性道路的直觉思维》，第226页。

普世人性的矛盾当中。经历生命中的快乐与悲伤，我们还能记得我们是为何而来到尘世间的吗？生命中有众多命令的声音，例如义务、习惯、恐惧、内疚、愤怒，甚至好的行为，在努力解决、然后超越这些声音时，我们能否用一颗开放、创造的心，不断地练习着去面对原本就打算要去面对的一切呢？

我们能否带着对神秘生命的热爱，感恩地认识到“这是我的”，而自由地迈出前进的步伐？

心魂的愿望正在萌生，
意志的行为正在繁盛，
生命的果实正在成熟。

我感受我的命运，
我的命运找到了我。
我感受我的星辰，
我的星辰找到了我。
我感受我生命的目标，
我生命的目标正找寻着我。

我的心魂与这伟大的世界合而为一。

生命为我更发光地成长，
生命为我更艰巨地成长，
生命在我内在更丰盛地成长。

——鲁道夫·斯坦纳，《颂词与冥想》